Informatik – Fachberichte

Band 181: W. Hoeppner (Hrsg.), Künstliche Intelligenz. GWAI-88, 12. Jahrestagung. Eringerfeld, September 1988. Proceedings. XII, 333 Seiten. 1988.

Band 182: W. Barth (Hrsg.), Visualisierungstechniken und Algorithmen. Fachgespräch, Wien, September 1988. Proceedings. VIII, 247 Seiten. 1988.

Band 183: A. Clauer, W. Purgathofer (Hrsg.), AUSTROGRAPHICS '88. Fachtagung, Wien, September 1988. Proceedings. VIII, 267 Seiten. 1988.

Band 184: B. Gollan, W. Paul, A. Schmitt (Hrsg.), Innovative Informations-Infrastrukturen. I.I.I. – Forum, Saarbrücken, Oktober 1988. Proceedings. VIII, 291 Seiten. 1988.

Band 185: B. Mitschang, Ein Molekül-Atom-Datenmodell für Non-Standard-Anwendungen. XI, 230 Seiten. 1988.

Band 186: E. Rahm, Synchronisation in Mehrrechner-Datenbanksystemen. IX, 272 Seiten. 1988.

Band 187: R. Valk (Hrsg.), GI – 18. Jahrestagung I. Vernetzte und komplexe Informatik-Systeme. Hamburg, Oktober 1988. Proceedings. XVI, 776 Seiten.

Band 188: R. Valk (Hrsg.), GI – 18. Jahrestagung II. Vernetzte und komplexe Informatik-Systeme. Hamburg, Oktober 1988. Proceedings. XVI, 704 Seiten.

Band 189: B. Wolfinger (Hrsg.), Vernetzte und komplexe Informatik-Systeme. Industrieprogramm zur 18. Jahrestagung der GI, Hamburg, Oktober 1988. Proceedings. X, 229 Seiten. 1988.

Band 190: D. Maurer, Relevanzanalyse. VIII, 239 Seiten. 1988.

Band 191: P. Levi, Planen für autonome Montageroboter. XIII, 259 Seiten. 1988.

Band 192: K. Kansy, P. Wißkirchen (Hrsg.), Graphik im Bürobereich. Proceedings, 1988. VIII, 187 Seiten. 1988.

Band 193: W. Gotthard, Datenbanksysteme für Software-Produktionsumgebungen. X, 193 Seiten. 1988.

Band 194: C. Lewerentz, Interaktives Entwerfen großer Programmsysteme. VII, 179 Seiten. 1988.

Band 195: I. S. Bátori, U. Hahn, M. Pinkal, W. Wahlster (Hrsg.), Computerlinguistik und ihre theoretischen Grundlagen. Proceedings. IX, 218 Seiten. 1988.

Band 197: M. Leszak, H. Eggert, Petri-Netz-Methoden und -Werkzeuge. XII, 254 Seiten. 1989.

Band 198: U. Reimer, FRM: Ein Frame-Repräsentationsmodell und seine formale Semantik. VIII, 161 Seiten. 1988.

Band 199: C. Beckstein, Zur Logik der Logik-Programmierung. IX, 246 Seiten. 1988.

Band 200: A. Reinefeld, Spielbaum-Suchverfahren. IX, 191 Seiten. 1989.

Band 201: A. M. Kotz, Triggermechanismen in Datenbanksystemen. VIII, 187 Seiten. 1989.

Band 202: Th. Christaller (Hrsg.), Künstliche Intelligenz. 5. Frühjahrsschule, KIFS-87, Günne, März/April 1987. Proceedings. VII, 403 Seiten, 1989.

Band 203: K. v. Luck (Hrsg.), Künstliche Intelligenz. 7. Frühjahrsschule, KIFS-89, Günne, März 1989. Proceedings. VII, 302 Seiten. 1989.

Band 204: T. Härder (Hrsg.), Datenbanksysteme in Büro, Technik und Wissenschaft. GI/SI-Fachtagung, Zürich, März 1989. Proceedings. XII, 427 Seiten. 1989.

Band 205: P. J. Kühn (Hrsg.), Kommunikation in verteilten Systemen. ITG/GI-Fachtagung, Stuttgart, Februar 1989. Proceedings. XII, 907 Seiten. 1989.

Band 206: P. Horster, H. Isselhorst, Approximative Public-Key-Kryptosysteme. VII, 174 Seiten. 1989.

Band 207: J. Knop (Hrsg.), Organisation der Datenverarbeitung an der Schwelle der 90er Jahre. 8. GI-Fachgespräch, Düsseldorf, März 1989. Proceedings. IX, 276 Seiten. 1989.

Band 208: J. Retti, K. Leidlmair (Hrsg.), 5. Österreichische Artificial-Intelligence-Tagung, Igls/Tirol, März 1989. Proceedings. XI, 452 Seiten. 1989.

Band 209: U. W. Lipeck, Dynamische Integrität von Datenbanken. VIII, 140 Seiten. 1989.

Band 210: K. Drosten, Termersetzungssysteme. IX, 152 Seiten. 1989.

Band 211: H. W. Meuer (Hrsg.), SUPERCOMPUTER '89. Mannheim, Juni 1989. Proceedings, 1989. VIII, 171 Seiten. 1989.

Band 212: W.-M. Lippe (Hrsg.), Software-Entwicklung. Fachtagung, Marburg, Juni 1989. Proceedings. IX, 290 Seiten. 1989.

Band 213: I. Walter, Datenbankgestützte Repräsentation und Extraktion von Episodenbeschreibungen aus Bildfolgen. VIII, 243 Seiten. 1989.

Band 214: W. Görke, H. Sörensen (Hrsg.), Fehlertolerierende Rechensysteme / Fault-Tolerant Computing Systems. 4. Internationale GI/ITG/GMA-Fachtagung, Baden-Baden, September 1989. Proceedings. XI, 390 Seiten. 1989.

Band 215: M. Bidjan-Irani, Qualität und Testbarkeit hochintegrierter Schaltungen. IX, 169 Seiten. 1989.

Band 216: D. Metzing (Hrsg.), GWAI-89. 13th German Workshop on Artificial Intelligence. Eringerfeld, September 1989. Proceedings. XII, 485 Seiten. 1989.

Band 217: M. Zieher, Kopplung von Rechnernetzen. XII, 218 Seiten. 1989.

Band 218: G. Stiege, J. S. Lie (Hrsg.), Messung, Modellierung und Bewertung von Rechensystemen und Netzen. 5. GI/ITG-Fachtagung, Braunschweig, September 1989. Proceedings. IX, 342 Seiten. 1989.

Band 219: H. Burkhardt, K. H. Höhne, B. Neumann (Hrsg.), Mustererkennung 1989. 11. DAGM-Symposium, Hamburg, Oktober 1989. Proceedings. XIX, 575 Seiten. 1989

Band 220: F. Stetter, W. Brauer (Hrsg.), Informatik und Schule 1989: Zukunftsperspektiven der Informatik für Schule und Ausbildung. GI-Fachtagung, München, November 1989. Proceedings. XI, 359 Seiten. 1989.

Band 221: H. Schelhowe (Hrsg.), Frauenwelt – Computerräume. GI-Fachtagung, Bremen, September 1989. Proceedings. XV, 284 Seiten. 1989.

Band 222: M. Paul (Hrsg.), GI – 19. Jahrestagung I. München, Oktober 1989. Proceedings. XVI, 717 Seiten. 1989.

Band 223: M. Paul (Hrsg.), GI – 19. Jahrestagung II. München, Oktober 1989. Proceedings. XVI, 719 Seiten. 1989.

Band 224: U. Voges, Software-Diversität und ihre Modellierung. VIII, 211 Seiten. 1989

Band 225: W. Stoll, Test von OSI-Protokollen. IX, 205 Seiten. 1989.

Band 226: F. Mattern, Verteilte Basisalgorithmen. IX, 285 Seiten. 1989.

Band 227: W. Brauer, C. Freksa (Hrsg.), Wissensbasierte Systeme. 3. Internationaler GI-Kongreß, München, Oktober 1989. Proceedings. X, 544 Seiten. 1989.

Band 228: A. Jaeschke, W. Geiger, B. Page (Hrsg.), Informatik im Umweltschutz. 4. Symposium, Karlsruhe, November 1989. Proceedings. XII, 452 Seiten. 1989.

Band 229: W. Coy, L. Bonsiepen, Erfahrung und Berechnung. Kritik der Expertensystemtechnik. VII, 209 Seiten. 1989.

Band 230: A. Bode, R. Dierstein, M. Göbel, A. Jaeschke (Hrsg.), Visualisierung von Umweltdaten in Supercomputersystemen. Karlsruhe, November 1989. Proceedings. XII, 116 Seiten. 1990.

Band 231: R. Henn, K. Stieger (Hrsg.), PEARL 89 – Workshop über Realzeitsysteme. 10. Fachtagung, Boppard, Dezember 1989. Proceedings. X, 243 Seiten. 1989.

Informatik-Fachberichte 277

Herausgeber: W. Brauer
im Auftrag der Gesellschaft für Informatik (GI)

Ulrich Borgolte

Flexible, realzeitfähige Kollisionsvermeidung in Mehrroboter-Systemen

Springer-Verlag
Berlin Heidelberg New York London Paris
Tokyo Hong Kong Barcelona Budapest

Autor

Ulrich Borgolte
FernUniversität Hagen, ET/PRT
Postfach 940, W-5800 Hagen 1

CR Subject Classification (1991): I.2.9, J.7

ISBN-13:978-3-540-54363-3 e-ISBN-13:978-3-642-76832-3
DOI: 10.1007/978-3-642-76832-3

Satz: Reproduktionsfertige Vorlage vom Autor

2133/3140-543210 – Gedruckt auf säurefreiem Papier

Vorwort

Das Thema *Kollisionsvermeidung* wird in der Robotik in den letzten Jahren mit zunehmendem Interesse bearbeitet. Die steigenden Anforderungen an die Flexibilität von Roboteranwendungen auf der einen und der enorme Zuwachs an Rechenleistung auf der anderen Seite ließen es notwendig und möglich erscheinen Verfahren zu implementieren, die es Robotern gestatten, in veränderlichen oder sogar zunächst unbekannten Umgebungen zu agieren. Für den industriellen Einsatz ist die Forschung dabei sowohl auf die langfristige Planung auch komplexer Bewegungsabläufe in determinierten Fertigungszellen als auch auf Effizienzgewinn und verbesserte Sicherheitsmechanismen bei Anwesenheit von sich stochastisch verändernden Objekten gerichtet. Der Schwerpunkt der Entwicklungen lag bisher bei den rechenaufwendigen Planungsverfahren, für die online-Anwendung gibt es nur wenige Ansätze. Die vorliegende Arbeit, die während meiner Tätigkeit als wissenschaftlicher Mitarbeiter am Lehrstuhl für Prozeßsteuerung und Regelungstechnik im Fachbereich Elektrotechnik der FernUniversität Hagen entstand, befaßt sich mit dieser Problemstellung.

Dem Lehrstuhlinhaber, Herrn Professor Dr.-Ing. H. Hoyer, sage ich meinen ganz besonderen Dank für seine vielfältigen, wertvollen Anregungen, wohlwollende Förderung und kritische Durchsicht dieser Arbeit.

Herrn Professor Dr.-Ing. B. Walke danke ich für das Interesse, das er dieser Arbeit entgegengebracht hat, und für die Übernahme des Korreferates.

Herrn J. Tschuden danke ich für die sorgfältige Anfertigung der Zeichnungen.

Mein Dank gilt auch allen Kollegen, die mir durch ihre Kritik und stete Diskussionsbereitschaft sehr geholfen haben. Namentlich danke ich den Herren M. Gerke, M. Herrmann und A. Jochheim, die sich viel Zeit für das Korrekturlesen nahmen.

Dortmund, im März 1991

Ulrich Borgolte

Inhaltsverzeichnis

Verzeichnis der Bilder

Verzeichnis der Symbole

Bei Größen mit dem Index 'kj' handelt es sich, sofern nicht explizit anders angegeben, um einen Wert für den Roboter j, bezogen auf den Roboter k.

a_{kj}	Verbindung der Ursprünge der Roboter k und j
d_{kj}	Abstand der Endpunkte der dritten Achsen der Roboter k und j
d_{kj}^{min}	Minimaler Abstand der Roboter k und j
d_i^1	Minimaler Abstand des Roboters mit dem dichtesten Sollwert in positiver Drehrichtung zum Roboter i
d_i^2	Minimaler Abstand des Roboters mit dem dichtesten Sollwert in negativer Drehrichtung zum Roboter i
d_i^3	Minimaler Abstand des Roboters mit dem minimalen Sollwert der dritten Achse zum Roboter i
d_i^4	Minimaler Abstand des Roboters mit dem maximalen Sollwert der dritten Achse zum Roboter i
$\dot{d}_i^1$	Veränderung von d_i^1 über die Zeit
$\dot{d}_i^2$	Veränderung von d_i^2 über die Zeit
$\dot{d}_i^3$	Veränderung von d_i^3 über die Zeit
$\dot{d}_i^4$	Veränderung von d_i^4 über die Zeit
e_{kj}	Abstand des Ursprungs des Roboters j zum Endpunkt der dritten Achse des Roboters k
f_{kj}	Winkel zwischen a_{kj} und e_{kj}
k_{kj}	Lot vom Ursprung des Roboters j auf den Arm des Roboters k
l_{kj}	Lot vom Endpunkt der dritten Achse des Roboters j auf die dritte Achse des Roboters k
$\min(X)$	Kleinstes Element der Menge X
$\mathcal{N}(\alpha)$	Winkel-Normierungsfunktion: $\alpha \rightarrow [-\pi, +\pi]$
r_i^l	Länge der dritten Achse des Roboters i
r_i^{max}	Maximale Ausfahrlänge der dritten Achse des Roboters i
r_i^{min}	Minimale Ausfahrlänge der dritten Achse des Roboters i
r_i	Lagewert der dritten Achse des Roboters i
r_i^h	Minimaler Sollwert für die dritte Achse des Roboters i
r_i^r	Maximaler Sollwert für die dritte Achse des Roboters i

r_i^s	Sollwert der dritten Achse des Roboters i
r_{kj}	Lagewert der dritten Achse des virtuellen Hindernisroboters
r'_{kj}	Lokal modifizierter Lagewert der dritten Achse des Roboters j
r_{kj}^b	Beschränkter Ausweichwert der dritten Achse des Roboters j
r_{kj}^n	Normaler Ausweichwert der dritten Achse des Roboters j
$r_{kj}'^s$	Lokal modifizierter Sollwert der dritten Achse des Roboters j
r_{kj}^v	Vorsichtiger Ausweichwert der dritten Achse des Roboters j
$\dot{r}_i$	Geschwindigkeit der dritten Achse des Roboters i
$\dot{r}_i^{max}$	Maximale Geschwindigkeit der dritten Achse des Roboters i
$\dot{r}_{kj}$	Geschwindigkeit der dritten Achse des virtuellen Hindernisroboters
$\dot{r}'_{kj}$	Lokal modifizierte Geschwindigkeit der dritten Achse des Roboters j
$\ddot{r}_i^{nom}$	Nominelle Beschleunigung der dritten Achse des Roboters i
$\bar{r}_i$	Einzuregelnder Sollwert der dritten Achse des Roboters i
$\bar{r}'_i$	Sollwert der dritten Achse des Roboters i bei Widerspruch
$\tilde{r}_{kj}$	Modifizierter Sollwert der dritten Achse des Roboters j
$\tilde{r}_{kj}^e$	Einziehender Ersatzwert der dritten Achse des Roboters j
$\hat{r}_{kj}$	Kollisionsvermeidender Wert der dritten Achse des Roboters j
$\mathrm{sign}(x)$	Signum- (Vorzeichen-) Funktion
t_n	Zeitpunkt der Berechnung
t_{n-1}	Ein Sollwert-Takt vor dem Zeitpunkt der Berechnung
t_{kj}^b	Zeit zum Beschleunigen der dritten Achse auf $-\dot{r}_j^{max}$
t_{kj}^m	Zeit für Fahrt der dritten Achse mit $-\dot{r}_j^{max}$
$\underline{w}_i^s$	Sollwertvektor des Roboters i
$\underline{w}_i'^s$	Einzuregelnder Sollwertvektor des Roboters i
$\underline{w}_{kj}^s$	Modifizierter Sollwertvektor des Roboters j
x_i	X-Koordinate des Roboters i im globalen Koordinatensystem
$\underline{x}_i$	Zustandsvektor des Roboters i
$\underline{x}_{kj}$	Zustandsvektor des virtuellen Hindernisroboters
y_i	Y-Koordinate des Roboters i im globalen Koordinatensystem
z_i	Lagewert der zweiten Achse des Roboters i

z_i^s	Sollwert der zweiten Achse des Roboters i
$\dot{z}_i$	Geschwindigkeit der zweiten Achse des Roboters i
γ_{kj}	Vorzeichen der Winkeldifferenz $\Delta\varphi_{kj}$
δr_i^{max}	Maximaler Sicherheitsabstand für die dritte Achse des Roboters i
$\delta\varphi_i^{max}$	Maximaler Sicherheitsabstand für die erste Achse des Roboters i
δr_{kj}	Aktueller Sicherheitsabstand für die dritte Achse des Roboters j
$\delta\varphi_{kj}$	Aktueller Sicherheitsabstand für die erste Achse des Roboters j
Δt	Sollwert-Takt
Δr_{kj}	Längendifferenz $r_{kj} - r'_{kj}$
$\Delta\varphi_{kj}$	Winkeldifferenz $\phi_{kj} - \psi_{kj}$
$\dot{\Delta} r_{kj}$	Veränderung von Δr_{kj} über die Zeit
$\dot{\Delta}\varphi_{kj}$	Veränderung von $\Delta\varphi_{kj}$ über die Zeit
$\theta\varphi'^s_{kj}$	Winkeldifferenz virtueller Hindernisroboter – φ'^s_{kj}
$\theta\tilde{\varphi}'_{kj}$	Winkeldifferenz virtueller Hindernisroboter – $\tilde{\varphi}'_{kj}$
σ_{kj}	Vorzeichen des Endpunktes der dritten Achse des Roboters j
$\underline{\tau}_{kj}$	Vektor der Kollisionsgefahr des Roboters j
τr_{kj}	Kollisionsgefahr in der dritten Achse des Roboters j
τz_{kj}	Kollisionsgefahr in der zweiten Achse des Roboters j
$\tau\varphi_{kj}$	Kollisionsgefahr in der ersten Achse des Roboters j
φ_i	Lagewert der ersten Achse des Roboters i
φ_i^g	Verdrehung des lokalen Koordinatensystems des Roboters i gegenüber dem globalen Koordinatensystem
φ_i^{n+}	Modifizierter Sollwert des Roboters i in negativer Drehrichtung mit kleinster Differenz
φ_i^{n-}	Modifizierter Sollwert des Roboters i in negativer Drehrichtung mit größter Differenz
φ_i^{p+}	Modifizierter Sollwert des Roboters i in positiver Drehrichtung mit größter Differenz
φ_i^{p-}	Modifizierter Sollwert des Roboters i in positiver Drehrichtung mit kleinster Differenz
φ_i^s	Sollwert der ersten Achse des Roboters i
φ_{kj}	Winkel des Koordinatensystems des Roboters j bezogen auf a_{kj}

φ'_{kj}	Lokal modifizierter Lagewert der ersten Achse des Roboters j
φ^{i}_{kj}	Interpolierter Ausweichwert der ersten Achse des Roboters j
φ^{n}_{kj}	Normaler Ausweichwert der ersten Achse des Roboters j
φ^{v}_{kj}	Vorsichtiger Ausweichwert der ersten Achse des Roboters j
φ'^{s}_{kj}	Lokal modifizierter Sollwert der dritten Achse des Roboters j
$\dot{\varphi}_i$	Geschwindigkeit der ersten Achse des Roboters i
$\dot{\varphi}_i^{max}$	Maximale Geschwindigkeit der ersten Achse des Roboters i
$\ddot{\varphi}_i^{nom}$	Nominelle Beschleunigung der ersten Achse des Roboters i
$\bar{\varphi}_i$	Einzuregelnder Sollwert der ersten Achse des Roboters i
$\bar{\varphi}'_i$	Sollwert der ersten Achse des Roboters i bei Widerspruch
$\tilde{\varphi}_{kj}$	Modifizierter Sollwert der ersten Achse des Roboters j
$\tilde{\varphi}'_{kj}$	Zwischenwert für die Berechnung von $\tilde{\varphi}_{kj}$
$\hat{\varphi}_{kj}$	Kollisionsvermeidender Sollwert der ersten Achse des Roboters j
ϕ_{kj}	Winkel der dritten Achse des Roboters j, auf a_{kj} bezogen
ψ_{kj}	Lagewert der ersten Achse des virtuellen Hindernisroboters
ψ'_{kj}	Winkel zwischen a_{kj} und der Verbindung des Ursprungs des Roboters j zum Fußpunkt des Lotes l_{kj}
$\dot{\psi}_{kj}$	Geschwindigkeit der ersten Achse des virtuellen Hindernisroboters

$\vee$	Logisches ‘oder’
$\wedge$	Logisches ‘und’
$\neg$	Logisches ‘nicht’
$\bigvee$	Es gibt (mindestens) ein
$\bigwedge$	Für alle
$\Leftrightarrow$	Genau dann, wenn
$:=$	wird definiert als

1 Einleitung

Der Robotereinsatz in der Industrie hat sich nicht nur im Laufe weniger Jahre vervielfacht, sondern auch von den relativ leicht zu automatisierenden Aufgaben wie Punktschweißen und Werkstückhandhabung zu den komplexeren wie etwa der Montage hin verlagert. Die neuen Funktionen sind dabei erst durch schnellere und leistungsfähigere Steuerungen möglich geworden. Sie erfordern aber auch durch die Zunahme an Flexibilität und Verflechtungen der Produktionseinheiten untereinander unter dem Gesichtspunkt der Betriebssicherheit weitere Maßnahmen zur Koordination der bislang unabhängigen Geräte. Außerdem sind unter dem Gesichtspunkt der Wirtschaftlichkeit Maßnahmen zur Minimierung von Stillstands-, Warte- oder Reparaturzeiten erforderlich. Da weiterhin bei Mittel- und Kleinserien ein Umbau der Peripherie aus Kostengründen unerwünscht ist, muß auf Seite der Steuerungen dafür gesorgt werden, daß ein möglichst reibungsloser und ununterbrochener Produktionsablauf erfolgen kann.

In vielen Anwendungen kommt es bereits heute vor, daß mehrere Roboter in einer Arbeitszelle auf relativ geringem Raum, unter Umständen sogar am selben Werkstück, arbeiten. Dabei ist es unabdingbar Vorkehrungen zu treffen, die einen störungsfreien und sinnvollen Arbeitsablauf gewährleisten. Naturgemäß wurden zunächst mit einfachen Mitteln Lösungen realisiert, die zwar sicherstellten, daß keine Schäden auftraten, andererseits jedoch zu Wartezeiten führten und es nicht gestatteten, daß eine wirklich parallele Ausführung der Arbeitsaufgaben stattfand. Wird koordinierter Betrieb, d.h. nicht nur mehr oder weniger zufälliges räumlich dichtes Arbeiten gewünscht, oder sollen die einzelnen Programme möglichst ungestört voneinander ablaufen, so sind Mechanismen zur Erkennung und Vermeidung von Kollisionen notwendig.

Wenn keine Sensoren eingesetzt werden und die Prozeßzeiten vorhersehbar sind, so kann eine optimale Bahnplanung mit Kollisionsvermeidung vor der Inbetriebnahme der Arbeitszelle erfolgen, selbst Rechenzeiten im Bereich von mehreren Minuten sind hier tolerierbar, da sie nur einmal vor dem Beginn des Arbeitsablaufs anfallen (Offline-Bahnplanung). Es ist hierfür allerdings notwendig, daß ein störungsfreier, exakt getakteter und geometrisch unveränderlicher Ablauf gesichert ist.

Sind die Bahnen unmittelbar vor ihrer Ausführung zeitlich und räumlich bekannt, so ist eine kollisionsvermeidende Bahnplanung durchführbar, die jeweils die nächste Bewegung betrachtet. Allerdings tritt hierbei eine Wartezeit vor jedem Programmschritt auf, die Rechenzeit sollte daher, selbst wenn sie z.T. parallel zu Prozeßzeiten gelegt werden kann, den Sekundenbereich nicht überschreiten. Eine Verlängerung der Zykluszeit für die Arbeitsaufgabe ist fast immer unvermeidbar.

Beim Einsatz von Sensorik ändert sich die Situation grundlegend: Die Bahnen der Roboter sind nur noch ungefähr bekannt und können durch die Sensorsignale ständig geändert werden. Der zeitliche Ablauf wird hierdurch ebenfalls beeinflußt, ebenso können nicht determinierte Prozeßzeiten, wie etwa Wartezeiten an Maschinen, die vorwegnehmende Planung eines optimalen und kollisionsfreien Fertigungsablaufs unmöglich machen.

Obwohl heute noch konventionelle prozedurale Programmiersprachen und in einigen Anwendungsbereichen sogar Teach-In-Verfahren vorherrschen, ist in absehbarer Zukunft gerade in der Roboterprogrammierung mit dem Einsatz der benutzerfreundlichen impliziten Programmierung zu rechnen. Bei ihrem Einsatz ist dem Programmierer der räumliche Bewegungsablauf ohne grafische Simulation zunächst nicht bekannt, da er nicht mit expliziten Bewegungsbefehlen zwischen Raumkoordinaten arbeitet, sondern mit aufgabenorientierten Befehlen (z.B. `Hole Teil x aus Palette y`). Aber auch mit einer solchen grafischen Simulation ist der Ablauf nur für einen bestimmten Zustand der Arbeitszelle bekannt, d.h. für eine festgelegte Anordnung aller Elemente. Ziel der impliziten Programmierung ist jedoch u.a. die Möglichkeit zur ortsunabhängigen Definition von Arbeitsabläufen. Damit kann eine effektive Kollisionsvermeidung durch den Programmierer nicht mehr vorgenommen werden. Zwar kann auch hier in der Simulation gleichzeitig eine automatische Kollisionskontrolle und Generierung einer Ausweichbahn vorgenommen werden, doch widerspricht dies insofern der Grundidee der impliziten Programmierung, als damit die Umwelt, in der das entsprechende Programm fehlerfrei lauffähig ist, festgeschrieben wird und eine automatische Anpassung an veränderte Umgebungsbedingungen nicht mehr möglich ist.

Daher ergibt sich die Notwendigkeit Verfahren bereitzustellen, die in der Lage sind, online, d.h. während der Durchführung einer Arbeitsaufgabe, auf veränderte Bedingungen zu reagieren und in Hinblick auf den wirtschaftlichen Einsatz von Robotern deren optimale Ausnutzung zu garantieren, also Stillstands- und Wartezeiten zu minimieren sowie Beschädigungen auszuschließen.

Auch wenn Sensorik eingesetzt wird, kann in Ausnahmefällen eine aufwendigere Strategie zum Einsatz kommen, wenn mit nur sehr geringen Bewegungsgeschwindigkeiten und evtl. größeren Pausen zwischen den Programmschritten gearbeitet wird, wie in Orbitalstationen oder im Unterwasserbereich. Oft handelt es sich dabei um Forschungs- oder Pilotanwendungen, bei denen die Kosten für die Verwendung spezieller beschleunigender Hardware nicht nach betriebswirtschaftlichen Gesichtspunkten kalkuliert werden.

In einer industriellen Umgebung, wo die Zeit einen entscheidenen Produktionsfaktor darstellt und eine knappe Resource ist, sind allerdings offline-Methoden, die die Produktionstaktzeiten erhöhen, nicht erwünscht und rechenintensive Algorithmen, die nur bei geringen Geschwindigkeiten online-fähig sind, nicht geeignet. Auch der Einsatz von extrem schneller Hardware zur Beschleunigung der Berechnungen verbietet sich häufig aus Kostengründen.

Die hier vorgelegte Arbeit beschreibt ein Verfahren, mit dem es möglich ist, in Systemen mit mehreren Robotern und beweglichen Peripheriegeräten während der Durchführung der Arbeitsaufgaben ständig eine Kontrolle auf drohende Kollisionen durchzuführen und diese ohne Unterbrechung des Ablaufs zu vermeiden. Hierzu wird zunächst eine Einführung in die Problemstellung des koordinierten Betriebs und der Kollisionsvermeidung sowie eine Übersicht über die heute verfügbaren Methoden gegeben. Anschließend wird eine Steuerungsstruktur vorgestellt, die eine sinnvolle Einbettung der Koordinierungs- und Kollisionsvermeidungsmodule gestattet. Es folgt die Entwicklung eines Algorithmus', der zunächst die Kollisionen zwischen zwei Robotern verhindert. Dieser wird auf drei Arten dahingehend verallgemeinert, daß er auf Gruppen mit mehr als zwei Robotern anwendbar ist. Diese drei Strategien werden abschließend miteinander verglichen und hinsichtlich ihrer Einsetzbarkeit bewertet. Anhand von Simulationen wird die Wirkung und Anwendbarkeit des Verfahrens demonstriert.

2 Koordinierter Betrieb und Kollisionsvermeidung

Koordinierter Betrieb mehrerer Roboter bedeutet ein zeitlich und räumlich abgestimmtes Verhalten unter Einbehaltung festgelegter Randbedingungen wie etwa Abstand voneinander oder von der Peripherie, Berührung mit vorgegebener Kraft bzw. Moment, zeitgleiches Bahnfahren usw. Anwendungsgebiete sind z.B. die gleichzeitige Bearbeitung eines Werkstücks, etwa das Schweißen an einer Autokarosserie, der Transport schwerer oder unhandlicher Werkstücke durch mehrere Roboter oder die Montage einer Baugruppe mit Hilfe mehrerer Werkzeuge. Die Koordination kann im einfachsten Fall, und dies ist der gegenwärtige technische Stand in der Industrie, durch die Synchronisation der beteiligten Geräte an definierten Programmstellen durch Austausch binärer Signale geschehen. Hierbei ist allerdings keine Kontrolle über den Arbeitsvorgang zwischen diesen Synchronisationspunkten möglich. Muß, wie etwa bei einer gemeinsamen Bewegung zweier Roboter zum Transport eines Teils, für jeden Zeitpunkt (d.h. bei digitalen Steuerungen jeweils im Reglertakt) ein abgestimmtes Verhalten sichergestellt sein, so ist eine Kommunikation unterhalb der Programmebene notwendig.

Ein gut untersuchtes, jedoch in der Praxis bisher kaum eingesetztes Verfahren zur Koordination ist der sogenannte Master-Slave-Betrieb (z.B. in [27] dargestellt), bei dem die Regelungen der Roboter so eng gekoppelt sind, daß der 'Slave' stets (mit maximal einem Regeltakt Abweichung) gemäß den Kopplungsbedingungen den Bewegungen des 'Masters' folgt. Er führt damit kein völlig eigenständiges Programm aus, sondern ist an die Aktionen des leitenden Roboters gebunden. Allerdings wird in der Regel keine Überprüfung durchgeführt, ob die Arme sich gegenseitig stören.

Ein wichtiges Teilgebiet bei der Kooperation ist die Kollisionsvermeidung. Generell ist es nicht erwünscht, daß die Roboterarme sich gegenseitig oder ihre Umgebung berühren (außer in ganz bestimmten, programmierten und hinsichtlich ihrer Wirkung definierten Ausnahmefällen). Damit ist es in Umgebungen, in denen mehrere Roboter in einer zeitlich oder räumlich nicht determinierten Weise mit überlappenden Arbeitsräumen arbeiten, notwendig Mechanismen bereitzustellen, um Kollisionen dieser Geräte untereinander zu verhindern. Selbst für den Fall der gewünschten Berührung ist diese in der Regel sanft durchzuführen, daher sind Positionssollwerte, die im Inneren des jeweils anderen Armes liegen, zu vermeiden.

Prinzipiell handelt es sich bei der Kollisionsvermeidung um die geometrische Aufgabe, eine kollisionsfreie Bahn für einen bewegten Körper zwischen möglicherweise ebenfalls bewegten räumlichen Hindernissen hindurch zu finden [3]. Da sich die Szenerie im Extremfall sogar stochastisch, z.B. durch Betriebsstörungen, ändern kann, muß ein echtzeitfähiges Verfahren die Bewegungen der Roboter auch während ihrer Ausführung derart beeinflussen können, daß Kollisionen mit der Umgebung vermieden werden. Hierfür ist die Berücksichtigung der Dynamiken und aktuellen Zustände sowohl der Roboter als auch der Objekte in ihrem Arbeitsraum notwendig.

2.1 Problemstellung

Zur Durchführung der Kollisionsvermeidung sind zwei Aspekte zu berücksichtigen: die Erkennung der Kollisionsgefahr und die daraus abgeleitete Kollisionsvermeidung. Die Erkennung beinhaltet die Berechnung eines Maßes für die Gefahr. Soll eine gezielte Kollisionsvermeidung durchgeführt werden, so ist es nicht sinnvoll, nur binär Gefahr/Nichtgefahr zu unterscheiden, da dies zu hartem, eventuell ruckartigem Ausweichverhalten (shattern) führt. Entsprechend sollte die Kollisionsvermeidung auch kontinuierlich nach der Größe der Gefahr eingreifen.

Es sind durchaus unterschiedliche Strategien zur Vermeidung denkbar, dabei sind auch technologische Aspekte zu beachten, wie gewünschte Bahntreue, Geschwindigkeitsanforderungen, Prioritäten der Arbeitsaufgaben etc. In dieser Arbeit wird ein Ansatz vorgestellt, der für die Klasse der Umsetzbewegungen (PTP oder Synchro-PTP) konzipiert ist. Er ist jedoch auch für Bewegungen im Bahnmodus (CP) anwendbar, wenn keine unbedingte Bahntreue verlangt wird, also das Verlassen einer programmierten Bahn zulässig ist.

Zunächst kann nach dem benötigten Rechenaufwand unterschieden werden. Damit erfolgt eine erste grobe Einteilung in Offline- und Online-Verfahren. Die Grenzen sind allerdings fließend und abhängig von der Hardware-Entwicklung. Unter Offline-Verfahren sollen hier solche Algorithmen zu verstehen sein, die auf einer industriell einsetzbaren und wirtschaftlich vertretbaren Hardware aufgrund ihrer Rechenzeiten nicht parallel zur Bewegung der Roboter ausgeführt werden können, d.h. deren Rechenaufwand auf einer solchen Hardware oberhalb des Steuerungstaktes einer modernen Industrieroboter-Steuerung liegt (ca. 16–32 Millisekunden). Bei den Online-Verfahren ist eine solche parallele Ausführung möglich. Die Parallelität ist notwendig, wenn auf Sensordaten während der Bewegung reagiert werden muß.

Die Offline-Verfahren müssen aufgrund ihres Rechenzeitbedarfs vor der Ausführung der Bewegungen gerechnet werden. Je nach Einsatzgebiet und tatsächlich benötigter Zeit kommen zwei Alternativen in Betracht. Die einmalige Ausführung vor der Inbetriebnahme eines neuen Produktionsprogramms bietet sich dann an, wenn es genügt, die Kollisionsfreiheit der programmierten Bahnen zu diesem Zeitpunkt sicherzustellen, d.h. wenn die Szenerie sich während des Einsatzes nicht mehr ändern kann. In diesem Fall ist es sinnvoll, sehr ausgefeilte Methoden zur Bahnoptimierung einzusetzen, auch wenn ein hoher Aufwand damit verbunden ist. Die andere Möglichkeit ist, jeweils zwischen zwei Bewegungen eine Neuberechnung der Trajektorien durchzuführen, falls die Umgebung sich gegenüber der letzten Berechnung geändert hat. Es kommt dabei jedoch eventuell zu Stillstandszeiten, wenn nicht Prozeßzeiten, wie etwa Wartezeiten auf periphere Geräte, genutzt werden können. Auch ist es naturgemäß nicht möglich, auf Ereignisse zu reagieren, die erst nach dem Beginn der Bewegung eintreten, es sei denn, die Bewegung wird für eine erneute Berechnung unterbrochen.

Betrachtet man die Online-Verfahren, so kann prinzipiell unterschieden werden zwischen Verfahren, die nur im Notfall eingreifen und in der Regel auch nur Kollisionserkennung, nicht aber Kollisionsvermeidung zur Verfügung stellen, und Verfahren, die als integraler Bestandteil des Normalbetriebs arbeiten, also solange wie möglich ein Weiterarbeiten, wenn auch nicht unbedingt mit der ursprünglich vorgesehenen Bahn, erlauben. Letztere müssen natürlich über Vermeidungsstrategien verfügen. Bei diesen ist es einerseits aufgrund ihrer lokalen Sichtweise und andererseits durch das Zulassen von nicht vorhersehbaren Umgebungsänderungen systemimmanent nicht möglich, die Durchführbarkeit einer Arbeitsaufgabe sowohl innerhalb eines bestimmten Zeitrahmens als auch prinzipiell zu garantieren. Die Problematik dieses Verfahrens wird im Abschnitt 3.1 ausgeführt. Es ist daher notwendig, von übergeordneten Ebenen aus Entscheidungen zuzulassen bzw. anzufordern, wenn lokal für einzelne Steuerungen Probleme erkannt werden, die mit den dort zur Verfügung stehenden Mitteln nicht gelöst werden können bzw. für die keine Handlungsstrategie vorliegt. Ebenso ist es sinnvoll, bereits in der Programmierumgebung Mechanismen vorzusehen, die eine Kommunikation der Ebene der Kollisionsvermeidung mit der Programmablaufsteuerung und mit übergeordneten Leitsystemen erlauben. Lösungsansätze hierzu werden im Abschnitt 3.5 vorgeschlagen.

Schließlich kann auch danach differenziert werden, ob ein Verfahren lediglich statische oder auch dynamische Umgebungen zuläßt. Dies ist nicht nur ein Problem der Rechenzeit, sondern entscheidet sich auch daran, inwieweit den Hindernissen über den Planungshorizont Geschwindigkeitsvektoren zugeordnet werden und ob die Dynamik des ausweichenden Roboters in die Strategie eingeht.

Generell sind es zwei Bereiche, in denen Kollisionsvermeidung angewandt wird. Der erste ist der der Wegsuche, auch als Find-Path- oder Piano-Mover's-Problem bezeichnet. Bei diesem geht es darum, für ein starres Objekt einen kollisionsfreien Weg im Raum zwischen Hindernisobjekten hindurch zu finden. Untersuchungen hierzu befassen sich vor allem mit der Wegplanung für mobile Systeme, die durch einen statischen Hüllkörper umschrieben sind [11], [18], [21], [25], [32], [33], [34], [40].

Das zweite Gebiet betrachtet die Bewegungsmöglichkeiten von Mehrkörpersystemen, deren Elemente durch rotatorische und/oder translatorische Gelenke miteinander verbunden sind, in einer mit Hindernissen versehenen Umgebung. Die Basen der kinematischen Ketten sind i.a. fixiert. Start- und Zielpositionen beziehen sich auf die Handpunkte, die Kollisionsfreiheit muß allerdings für alle Teile gesichert werden. Im folgenden wird der gegenwärtige Stand der Forschung für diese Problemstellung dargestellt.

2.2 Stand der Technik

Eine Vorgehensweise, die nicht den oben gestellten Ansprüchen an Flexibilität und Rentabilitiät enspricht, ist die reine Erkennung von Kollisionsgefahren ohne eigenständige Vermeidungsstrategie [31], [39]. Da dabei keine Algorithmen zur Modifikation des programmierten Ablaufs benutzt werden, bleibt zur Beseitigung der Gefahr nur das Stillsetzen mindestens eines Gerätes. Dabei kann zwar Schaden verhindert werden, es ist in der Regel jedoch anschließend ein manuelles Wiederanfahren und evtl. Beheben der Ursache notwendig. Auf diese Technik soll hier nicht weiter eingegangen werden, da die vorliegende Arbeit sich mit flexiblen Methoden zur Vermeidung erkannter Kollisionsgefahren unter Weiterführung der eigentlichen Arbeitsaufgabe beschäftigt.

Die einfachste und zur Zeit im industriellen Einsatz als einzige realisierte Art der Kollisionsvermeidung ist die Arbeitsraumsperrung [8]. Bei diesem Verfahren wird derjenige Raum, der von den beteiligten Robotern gemeinsam befahren werden kann, zur potentiellen Kollisionszone erklärt und jeweils nur einem einzigen Roboter zur Verfügung gestellt. Soll die nächste Bewegung eines Roboters in diesen Raum führen, so wird zunächst geprüft, ob sich bereits ein anderer darin befindet. Ist dies der Fall, so wird solange gewartet, bis der Raum frei wird. Andernfalls kann die Bewegung ausgeführt werden. Sind die Überdeckungsbereiche groß und führt ein hoher Anteil der Bewegungen hindurch, kann dieses Verfahren daher zu beträchtlichen Stillstandszeiten und einer schlechten Auslastung der Arbeitszelle führen. Vorteilhaft ist, daß es durch einfache Mechanismen und mit heute verfügbaren Robotersteuerungen realisierbar ist.

Der bei weitem größte Teil der veröffentlichten Verfahren befaßt sich mit Offline-Methoden, wobei die Autoren diese z.T. anders einordnen. Die Bezeichnung 'online' wird häufig im Sinne von 'zwischen zwei Bewegungen durchführbar' benutzt, d.h. auch bei Rechenzeiten, die deutlich oberhalb einer Sekunde liegen.

In dieser Arbeit gilt die strengere Definition, nach der als Online-Verfahren hier solche Algorithmen bezeichnet werden, die ständig parallel zur Ausführung der Bewegungen gerechnet werden und damit auch in der Lage sind, ohne Zeitverzug auf unvorhergesehene Ereignisse zu reagieren. Da die Rechenzeit durch die Taktzeiten der beteiligten Robotersteuerungen begrenzt ist, müssen die Algorithmen allerdings auf weitgehende Optimierungen verzichten und ggf. auch Vereinfachungen der Szenerie benutzen.

Als fruchtbare Ansätze haben sich insbesondere das sogenannte Konfigurationsraum- (C-Space) und das Potentialfeld-Verfahren erwiesen. Ersteres wurde z.B. in [12], [15], [19], [20], [23], [26], [28], [35], [40] und [42] angewandt. Es basiert auf der Zerlegung des gesamten Arbeitsraums eines Roboters (des Konfigurationsraums) in disjunkte Bereiche. Diese sind i.a. angepaßt an die Kinematik des verwendeten Robotertyps, können aber auch, wie in [15], unabhängig davon kartesisch definiert sein. In diesem Raum werden verbotene und erlaubte Bereiche definiert, indem Kollisionsobjekte hineinprojiziert werden und diejenigen Konfigurationen, die zu einer Kollision führen, markiert werden. Diese Elemente des Konfigurationsraums dürfen bei der Bewegung nicht benutzt werden. Die Kollisionsvermeidung hat also die Aufgabe, einen Weg durch den Konfigurationsraum von einer Start- in eine Zielkonfiguration zu finden, ohne die verbotenen Konfigurationen zu benutzen. Die generelle Schwierigkeit dieses Verfahrens liegt darin, daß bei einer genügend feinen Auflösung des Konfigurationsraums, die für eine sinnvolle Umgebungsmodellierung und einen ausreichenden Bewegungsraum des Roboters notwendig ist, der Rechenaufwand sehr hoch liegt. So wird in [12] eine Zeit von 321 Sekunden für eine optimierende Berechnung angegeben, [26] und [35] nennen ähnliche Werte. Damit ist der Einsatz ganz offensichtlich auf die offline-Berechnung von Bahnen in statischen Umgebungen begrenzt. Allerdings können diese Bahnen nach beliebigen Gütekriterien optimiert werden.

Eine andere Repräsentation des Arbeitsraums wird in [11], [14] und [36] vorgeschlagen. Es handelt sich um das Octree-Verfahren, bei dem der Raum rekursiv in Kuben unterteilt wird, die jeder aus acht Unterkuben bestehen. Jedem Kubus wird ein Knoten mit jeweils acht Söhnen in einem Baum zugeordnet. Durch Zusammenlegung gleich markierter und benachbarter Kuben bzw. Knoten im Baum kann eine deutliche Verringerung des Speicherbedarfs erzielt werden. Dennoch werden in [14] wenige Minuten Rechenzeit als akzeptabel bezeichnet und [36] nennt bei einer Armgeschwindigkeit von nur 3 Inch/Sekunde eine CPU-Zeit von 0,3 Sekunden auf einer VAX 11/780 für eine Konfigurationsprüfung.

Der zweite Ansatz mit starker Verbreitung in der Literatur ist der des Potentialfeld-Einsatzes, wie in [12], [22], [30] und [34] beschrieben. Hier wird um die Objekte im

Arbeitsraum des Roboters ein künstliches Potentialfeld gelegt, das an der Oberfläche der Objekte den Wert ∞ annimmt und in einem festgelegten Abstand zu Null wird. Damit wird eine Abstoßung erzeugt, die auf die Regelung des Roboters aufgeschaltet wird. Es ist also notwendig, daß der Roboter, der eine Kollision vermeiden soll, über einen Sensoreingang verfügt, der eine schnelle Korrektur der Stellgrößen für die Achsen ermöglicht. In [34] wird dieses Verfahren zur offline-Bahnplanung eines mobilen, punktförmigen Roboters benutzt, es wirkt also nicht direkt auf die Regelung ein, sondern erzeugt eine Sollbahn, deren interpolierte Zwischenwerte eingeregelt werden. Der in [22] vorgestellte Algorithmus wirkt online auf die Regelung ein, hat jedoch das Problem, daß nur ausgewählte Punkte des Roboters mit dem Potentialfeld beaufschlagt werden. Damit ist die Kollisionsfreiheit nicht für den gesamten Arm gesichert. Hierzu wäre es notwendig, die betrachteten Armpunkte sehr dicht zu legen, was aber eine entsprechende Erhöhung des Rechenaufwands bedeutete. Ein prinzipielles Problem bei diesem Verfahren ist die Bildung lokaler Minima. Diese Potential-Senken außerhalb des Zielwertes können nur durch relativ rechenaufwendige Algorithmen erkannt und vermieden werden. Damit gerät auch diese Methode in den Bereich der offline-Berechnung. Weiterhin bildet die Berechnung des Potentialfeldes für bewegte Objekte eine Schwierigkeit: um die Dynamik der Bewegung zu berücksichtigen, muß das Feld ausreichend stark und weitreichend sein, für langsam bewegte oder statische Objekte ist dagegen eine möglichst geringe Ausdehnung und Stärke wünschenswert. Die oben genannten Verfahren sind daher auch nur für stationäre Objekte beschrieben. Eine alternative Vorgehensweise wurde in [13] vorgeschlagen. Dort wird das Potential als reine Störgröße auf die Regelung gegeben, was allerdings zur Voraussetzung hat, daß diese sehr 'weich' eingestellt ist, da sie ansonsten die aufgeschaltete Störung ausregelt. Damit wird allerdings ein ansonsten unbefriedigendes dynamisches Verhalten erzielt.

Verknüpfungen der Abbildung in den Konfigurationsraum mit dem Potentialfeldverfahren zeigen [12], [31] und [41]. Dort werden zunächst die Abbildungen der Hindernisse in den Konfigurationsraum vorgenommen und dann die Wegplanungen mit einem Potentialfeld bzw. in [12] mit einem optimierten Steuerfeld durchgeführt. Allerdings wird in [41] für die Abbildung eines Rechtecks eine Zeit von 60–140 msec und für die Wegplanung bei vier Hindernissen von 2,5 sec angegeben (Zeiten auf einer MicroVAX II). In [31] wird nur die Erkennung einer Kollisionsgefahr gezeigt, die ein rechtzeitiges Bremsen erlaubt. Eine Ausweichstrategie wird nicht angegeben.

In [24] und darauf aufbauend [29] wird ein Verfahren vorgestellt, bei dem die Hand und das darin gehaltene Werkstück bzw. das Werkzeug durch eine Kugel umschrieben werden. Es wird sodann für zwei Roboter vor dem Beginn der Bewegung mit Hilfe von Weg-Zeit-Diagrammen eine kollisionsfreie Bahn generiert, wenn es sich bei den programmierten Bahnen um Geraden handelt. Hier wird also weder ein allgemeiner Weg für beliebige Bahnformen geliefert, noch werden die Arme der beteiligten Geräte betrachtet.

Ebenfalls vor der Ausführung der Bewegung setzt [37] ein. Hier wird aus den vorher bekannten Bahnen der beteiligten Roboter und Objekte ein 'Virtueller Koordinierungsraum' gebildet, der es gestattet, eine zeitlich veränderte Bewegungsfolge zu generieren, die kollisionsfrei ist. Eine online-Anwendung ist prinzipiell nicht möglich, da nur auf Kollision, nicht aber auf Annäherung geprüft wird. Die Kollisionsvermeidung wird allein durch eine Änderung des zeitlichen Bewegungsablaufs erreicht, d.h. die Sollbahnen bleiben geometrisch unverändert. Es wird keine Strategie angegeben, wie zu verfahren ist, wenn dadurch die Zielposition nicht erreichbar ist.

Weitere Arbeiten basieren auf der Bestimmung von 'freeways', d.h. von konvexen Polygonen, die durch die Hinderniskonturen bestimmt werden und innerhalb derer eine sichere Bewegung möglich ist [5]. Die Trajektorie zwischen Start- und Zielpunkt wird über die Verkettung solcher freeways gebildet. In [9] wurde dieses Verfahren für einen Roboter vom Typ IBM 7565 implementiert, wobei eine Wegplanung z.B. 6,7 Sekunden Rechenzeit benötigte.

Mit den Mitteln eines CAD-Systems arbeitet [1], der zwei Methoden vorstellt, die sich stark in der Rechenzeit unterscheiden. Die erste benutzt eine $2\frac{1}{2}$-D-Darstellung und gebraucht etwa 0,4–1,0 Sekunden CPU-Zeit, erkennt allerdings nicht alle auftretenden Kollisionen. Die zweite basiert auf einer 3-D-Darstellung, hat dieses Problem nicht, gebraucht dafür aber auch bis zu 15 Minuten CPU-Zeit für eine Bewegung.

Eine Methode, die auf der analytischen Bestimmung des Maßes der Kollisionsgefahr aufgrund des augenblicklichen Systemzustands beruht und die es daraus resultierend gestattet, eine Trajektorie zu berechnen, die die Dynamik berücksichtigt, wird in [16] und [17] und daran anlehnend in [6] vorgestellt. Dieses Verfahren braucht nur sehr wenig Rechenzeit pro Bewegungsschritt, in [16] werden 5,5 Millisekunden auf einem TI 9995-Prozessor angegeben, in [6] 3 Millisekunden auf einer VAX 11/780. Der Vorteil liegt außer in der geringen Zeitanforderung auch in der Anwendbarkeit auf bewegte Hindernisobjekte, und dies können insbesondere auch Roboter sein. Nachteilig ist, daß nicht alle Kollisionsgefahren erkannt werden. Es werden keine Algorithmen zur Behandlung von Kollisionssituationen mit mehr als einem Hindernis angegeben. Eine verbesserte Behandlung der Dynamik und eine alternative Vorgehensweise zur Erkennung von Kollisionen, die alle Gefahren erfaßt, wird in [2] und [10] vorgeschlagen. Auch hier genügen 4,2 Millisekunden auf einer MicroVAX II.

Betrachtet man die Arbeiten auf dem Gebiet der Kollisionsvermeidung für Roboter, so kann weiterhin zwischen Verfahren unterschieden werden, die nur stationäre Hindernisse behandeln können, solchen, die auch für bewegte Hindernisse geeignet sind, und schließlich solchen, bei denen die Hindernisse ihrerseits auch Roboter oder andere zeitvariante Objekte sein dürfen. Von den oben aufgeführten Arbeiten eignen sich lediglich [12], [21] und [35] für bewegte invariante Hindernisse und [2], [6], [10], [16], [17], [24], [29], [36] sowie [37] für jeweils ein bewegtes variantes Hindernis. Die letzten vier berücksichtigen nicht das dynamische Verhalten und sind damit bei schnellen Robotern zur online-Anwendung ungeeignet. Allen, auch den prinzipiell online-fähigen Verfahren, mangelt es an einer problemangepaßten Einbindung in die Steuerungsstruktur.

3 Ein Verfahren zur Kollisionsvermeidung in Mehrroboter-Systemen

Das in dieser Arbeit vorgestellte Verfahren ermöglicht es, in Systemen, die aus mehreren, d.h. mindestens zwei, Robotern und/oder beweglichen Peripheriegeräten bestehen, Kollisionen zu vermeiden. Dabei müssen weder in der Programmierung der einzelnen Geräte Vorkehrungen getroffen werden, noch kommt es zur gegenseitigen Sperrung des Arbeitsraums. Da die benötigte Rechenzeit sehr gering ist, können die Algorithmen parallel zur Ausführung der Bewegungen ablaufen. Die Systeme sind damit in der Lage, auch auf online-Sensorkorrekturen der Bahnen zu reagieren. Allerdings ist es vorteilhaft, die unabhängig von der hier entwickelten Methode auftretenden Probleme (siehe Abschnitt 3.1) bereits bei der Entwicklung der Steuerungen, und das heißt auch in den zugehörigen Programmiersprachen, zu berücksichtigen.

Zur Eingrenzung des räumlichen Anwendungsbereichs wird zunächst von einer abgeschlossenen Einheit, z.B. von einer Fabrikhalle, ausgegangen. Innerhalb dieser ist als Teilsystem in der Regel eine Arbeitszelle zu verstehen. Allgemein wird es sinnvoll sein, diejenigen stationären Geräte der übergeordneten Einheit zu jeweils einem Teilsystem zusammenzufassen, die überlappende Arbeitsbereiche haben. Dabei sind genau diejenigen mobilen Geräte mitzubetrachten, deren Arbeitsbereiche sich mit dem eines der so gebildeten Systeme schneiden. Es wird also dynamisch stets die kleinste Menge von Geräten betrachtet, die sich gegenseitig beeinflussen können. Die Bildung dieser Teilmengen innerhalb einer Fabrikationsanlage sollte von einem Fertigungsleitrechner durchgeführt werden, der auf sämtliche verfügbaren Positionsinformationen zugreifen kann. Im folgenden soll ein solches frei gewähltes System betrachtet werden.

Der hier verwandte Robotertyp hat einen zylinderförmigen Arbeitsraum mit der Konfiguration der Grundachsen Rotation-Translation-Translation und wird auch als Stanford-Manipulator bezeichnet (Bild 1). Der Vorzug dieser Kinematik ist es, daß ihre Projektion auf die Grundebene sich leicht mit derjenigen der in der Industrie weit verbreiteten Typen mit kugel- oder torusförmigem Arbeitsraum (z.B. dem mit vertikalem Knickarm) in Übereinstimmung bringen läßt. Damit ist das Verfahren auf einen großen Teil der eingesetzten Roboter anwendbar.

Der in dieser Arbeit entwickelte Algorithmus basiert ausschließlich auf den Zuständen und den Sollwerten der beteiligten Geräte. Die Zustände können direkt von den Steuerungen aufgrund der Signale aus den internen Meßsystemen geliefert werden oder, wenn dies nicht möglich ist, auch von externen Sensoren. Die Sollwerte müssen nur für denjenigen Roboter vorliegen, dessen Bahn verändert werden soll. Das Verhalten der anderen Geräte wird aus ihren Zuständen prädiziert. Diese Vorgehensweise gestattet es, auch auf nicht vorhersehbare Störungen oder Veränderungen des programmierten Ablaufs bzw. der Umgebung zu reagieren. Insbesondere berücksichtigt die Kollisionsvermeidung auch sofort online-Bahnveränderungen aller Roboter, etwa aufgrund von Sensorinformationen.

Um die online-Fähigkeit des Verfahrens sicherzustellen, werden nur die drei Grundachsen in die Berechnungen einbezogen. Die Orientierung der Hand und das darin befindliche Werkstück bzw. -zeug werden lediglich über frei wählbare Sicherheitsabstände berücksichtigt. Damit ergibt sich der relevante Zustandsvektor $\underline{x}$ des Roboters i mit $x_{i\nu}$

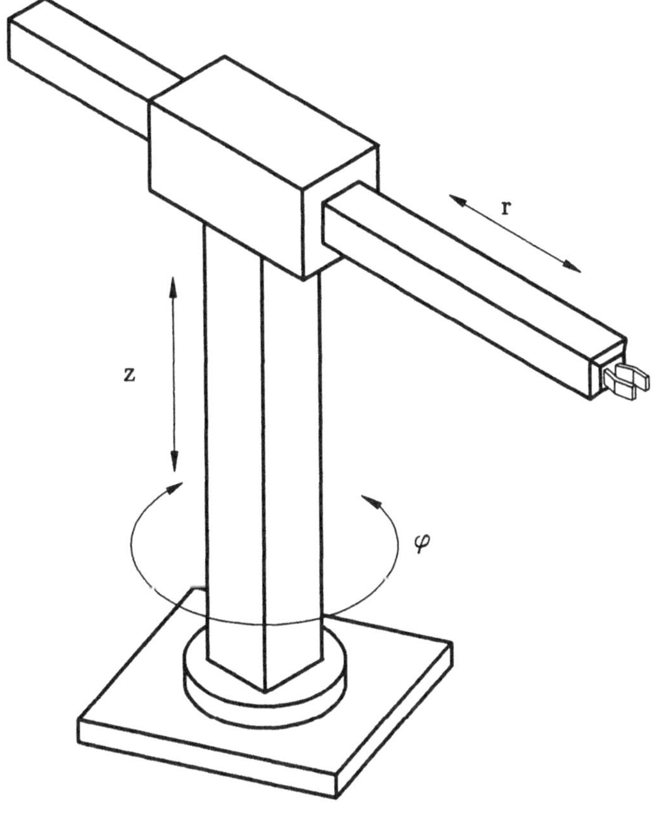

Bild 1: Modell des verwendeten Robotertyps

als Weg- bzw. Winkelwert und $\dot{x}_{i\nu}$ als zugehöriger Geschwindigkeit, $\nu = 1,2,3$, zu

$$\underline{x}_i(t_n) = \begin{bmatrix} x_{i1}(t_n) \\ \dot{x}_{i1}(t_n) \\ x_{i2}(t_n) \\ \dot{x}_{i2}(t_n) \\ x_{i3}(t_n) \\ \dot{x}_{i3}(t_n) \end{bmatrix} = \begin{bmatrix} \varphi_i(t_n) \\ \dot{\varphi}_i(t_n) \\ z_i(t_n) \\ \dot{z}_i(t_n) \\ r_i(t_n) \\ \dot{r}_i(t_n) \end{bmatrix} \tag{1}$$

Diese Vereinfachung vermindert zwar über die notwendige Vergröberung des Robotermodells durch die nicht differenzierenden Sicherheitsbereiche die Beweglichkeit in engen Umgebungen, vereinfacht jedoch entscheidend die Rechnungen, so daß sie im Gegensatz zu einer exakten Betrachtung aller Roboterachsen wie in [1] online durchgeführt werden können. Diese Arbeit behandelt außerdem auch nicht die Kollisionsgefahr in der z-Achse. Damit kann sie wegen der Äquivalenz der Projektionen auf die xy-Ebene unmittelbar auf Roboter mit vertikalem Knickarm übertragen werden (für das auf dem gleichen Robotertyp beruhende Verfahren aus [16] und [17] wurde eine solche Abbildung in [38] gezeigt). Die Erweiterung auf die z-Achse kann bei Bedarf analog zur unten dargestellten Abstimmung von φ- und r-Achse durchgeführt werden.

Die Effizienz jeder Methode zur online-Kollisionsvermeidung ist auch wesentlich vom mechanischen Aufbau und dem dynamischen Verhalten der beteiligten Geräte abhängig. Schwierigkeiten, die aus einer ungünstigen mechanischen Konstruktion oder einem schlechten dynamischen Verhalten resultieren, sind nur teilweise durch Algorithmen zu kompensieren. Daher sollten bereits bei der Konzeption einer Roboterzelle Überlegungen mit einfließen, wie diese Probleme zu minimieren sind. Zwei Punkte sind dazu von besonderer Bedeutung:

- Bei den Simulationen wurde eine konventionelle Motorausrüstung der Roboter zugrunde gelegt. Wie im folgenden gezeigt wird, führt dies zu einem oft unnötig vorsichtigen Verhalten. Der Grund hierfür liegt in der über den Zustandsraum stark unterschiedlichen Dynamik, die durch die nichtlinearen Verkopplungen und variablen Trägheitsmomente der Achsen bedingt ist. Das Verfahren muß, um sicher alle Kollisionen zu vermeiden, mit der geringsten möglichen Dynamik rechnen. Damit wird auch dann ausgewichen, wenn dies aufgrund der tatsächlich verfügbaren Reserven nicht nötig wäre. Es ist daher zu überlegen, ob in Arbeitszellen, in denen die Roboter vorhersehbar oft zum Ausweichen gezwungen werden, nicht solche mit einer über den gesamten Zustandsraum konstanten Dynamik eingesetzt werden. Dies kann beispielsweise durch stärkere Motorisierung erreicht werden.

- Eine weitere Verbesserung des Gesamtverhaltens der Arbeitszelle kann durch den Einsatz von Robotern mit Teleskoparm als dritter Achse erreicht werden. Bei dem hier benutzten Typ muß der rückwärtig, also gegenüber der Hand, aus dem Drehturm ragende Teil der dritten Achse auch berücksichtigt werden. Dies führt, wie in den Simulationen zu sehen ist, zu zusätzlichen Ausweichbewegungen. Diese könnten bei einer Teleskopachse, die nicht oder nur geringfügig gegenüber der Hand aus der Drehachse ragt, vermieden werden. Betrachtet man lediglich die Projektion auf die xy-Ebene, so trifft dies ebenso für Roboter mit vertikalen Gelenkkoordinaten zu.

3.1 Konzeption einer Steuerung mit automatischer Kollisionsvermeidung

Bei den bisherigen Anwendungen von Robotern in der Industrie sind, selbst wenn eine relativ starke Kooperation gegeben ist, die einzelnen Steuerungen weitgehend voneinander unabhängig und kommunizieren allenfalls auf einer sehr hohen Ebene entweder direkt miteinander oder über einen Fertigungsleitrechner (Bild 2). Die physikalischen Verbindungen sind dabei in der Regel serielle Datenleitungen, die mit Übertragungsraten im Bereich von etwa 9600 Baud bis 10 MBaud arbeiten. Die Protokolle reichen vom einfachen Xon-/Xoff-Handshaking bis hin zum komplexen MAP. Zu den Laufzeiten durch die verschiedenen Schichten der Steuerungen kommen also noch die über die Leitungen selbst sowie die Verzögerungen durch die Protokollabwicklung hinzu. Dies hat den offensichtlichen Nachteil, daß Reaktionen auf Sensorinformationen aus der Umgebung der Roboter nur mit großen Zeitverzögerungen möglich sind und deshalb auch nur einen geringen Komplexitätsgrad aufweisen. Echtzeitfähige Reaktionen bedingen eine Kommunikation auf denjenigen Ebenen einer Steuerung, die eine Beeinflussung des Verhaltens während der Ausführung der Bewegung, und zwar nach Möglichkeit ohne Zeitverzug, gestatten. Es ist daher eine Struktur entsprechend Bild 3 notwendig. Hier sind die Wege innerhalb der Steuerungen selbst auf das notwendige Mindestmaß verkürzt.

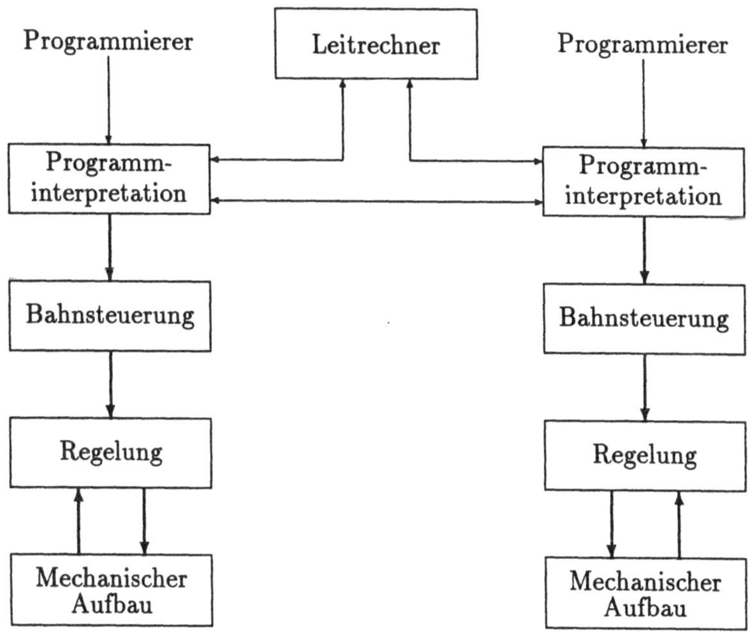

Bild 2: Struktur einer konventionellen Koordinierung

Die letztgenannte Struktur ist leicht aus ersterer ohne grundlegende Eingriffe ableitbar. Sie bietet den Vorteil, daß in der Ebene der Koordinierungsmodule alle relevanten Informationen sowohl über die von der Bahnplanung generierten Sollwerte als auch über die in der Regelung verarbeiteten Lage- und Geschwindigkeits-Istwerte vorliegen. Es ist lediglich eine Software-Schnittstelle bereitzustellen. Von dieser aus können z.B. die Daten an einen speziellen Prozessor übertragen werden, der mit den entsprechenden Prozessoren in den übrigen Steuerungen verbunden ist und nach der Berechnung die neuen Sollwerte auf dem gleichen Weg weitergibt. Wird er direkt an den Bus der Steuerung angeschlossen, so sind die Verzögerungen in der Datenübertragung minimal.

Allerdings ergeben sich durch die Kollisionsvermeidung Probleme, die in dieser Form der erweiterten Steuerungsarchitektur nicht lösbar sind, d.h. zu unerwünschtem oder fehlerhaftem Verhalten führen können. Dazu gehört insbesondere:

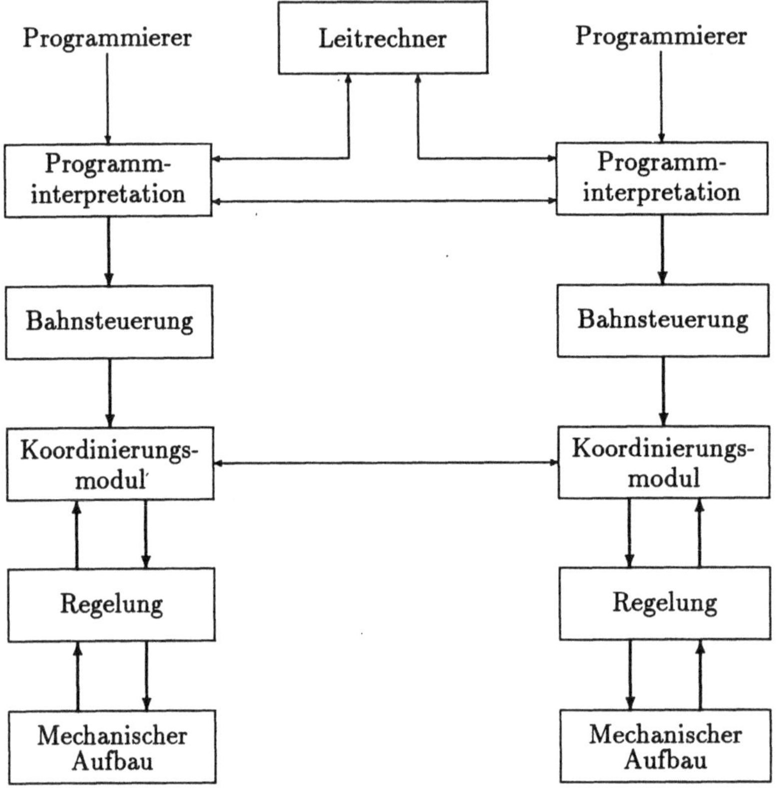

Bild 3: Struktur einer online-Koordinierung

- die gewollte und auch notwendige Abweichung von der ursprünglichen Sollbahn, die jedoch von einer Schleppfehlerüberwachung als Fehler erkannt wird und zur Abschaltung des Systems führen könnte.

- Weiterhin kann es zu Verzögerungen im Programmablauf kommen, wenn Ausweichbewegungen nicht durch entsprechend schnelleres Fahren ausgeglichen werden können und der Endpunkt einer Bewegung nicht rechtzeitig, d.h. zeitgleich mit der Generierung der entsprechenden Sollwertvorgabe, erreicht wird. In diesem Fall darf der Programmablauf in der Regel nicht unverändert und lückenlos fortgesetzt werden, da die folgenden Bewegungsvorgaben, auf eine vom Programm her nicht vorgesehene Bahn angewandt, zu unerwünschtem Bewegungsverhalten führen. Es ist notwendig, zumindest wenn punktgenaues Fahren verlangt wurde, die Sollvorgabe solange zu halten, bis der Arm diese Stellung tatsächlich erreicht hat.

- Es können Konstellationen auftreten, in denen das vorgesehene Bewegungsziel in absehbarer Zeit gar nicht erreichbar ist. Dies ist z.B. dann der Fall, wenn ein bevorrechtigter Roboter diese Position besetzt hält.

- Schließlich kann es auch notwendig sein, daß ein oder mehrere Roboter hart gebremst werden müssen. Das ist dann der Fall, wenn eine Situation eintritt, in der sonst eine Kollision unvermeidbar wäre. Dies kann etwa durch Fehlfunktion eines Systems hervorgerufen werden.

In Abschnitt 3.5 werden Strategien aufgezeigt, wie diese Probleme gelöst werden können.

Der hier vorgestellte Algorithmus läuft verteilt und zeitlich parallel auf allen Koordinierungsmodulen eines Mehrrobotersystems. Dieses System kann sich auf eine Arbeitszelle beschränken, falls keine weiteren Geräte mit den einzelnen Komponenten dieser Zelle kollidieren können, es kann aber auch eine ganze Fabrikhalle umfassen, falls eine derartige Verkettung gegeben ist, daß eine sinnvolle Bildung von Untersystemen nicht möglich ist. Das Verfahren berechnet pro Modul für jeweils einen Roboter (den Bezugsroboter) eine kollisionsfreie Bahn. Für diesen werden zu einer Zeit nur diejenigen Elemente des Systems betrachtet, die prinzipiell für eine Kollision mit ihm in Betracht kommen. Diese Menge kann über die Zeit variieren, etwa wenn Transportsysteme in den Bereich des Bezugsroboters gelangen oder ihn verlassen. Die einzelnen Koordinierungsmodule können, bis auf den notwendigen Datenaustausch, völlig unabhängig voneinander arbeiten oder auch über einen Leitrechner Vorgaben, wie etwa Prioritäten, erhalten. In dieser Arbeit wird ein willkürlich gewähltes Modul betrachtet, das ohne Leitrechner und ggf. mit einer festen Prioritätsvorgabe arbeitet.

3.2 Erkennen der Kollisionsgefahr

Alle Roboter einer Fabrikationsanlage, die für potentielle Kollisionen in Frage kommen, seien eindeutig von 1 bis m numeriert. Der beliebig gewählte Bezugsroboter habe die Nummer j, die Teilmenge der für eine Kollision mit ihm in Frage kommenden r Roboter sei o.B.d.A. von 1 bis r numeriert mit $j \notin \{1,\ldots,r\}$. Dabei sei $k \in \{1,\ldots,r\}$ ein beliebiger Roboter aus der Umgebung von j. Die Erkennung der Kollisionsgefahr für den gewählten Bezugsroboter erfolgt, auch in Systemen mit mehr als zwei Robotern, zunächst grundsätzlich durch paarweise Betrachtung aller potentiell kollisionsgefährdeten Roboter k mit dem Bezugsroboter j. Die Struktur des Moduls zur Kollisionsvermeidung ist in Bild 4 dargestellt. Mit der Sollwertvorgabe $\underline{w}_j^s$ aus der Bahnsteuerung und den Zustandsvektoren der Roboter k und j, $\underline{x}_k$ bzw. $\underline{x}_j$, wird zuerst für den Roboter j ein virtueller Hindernisroboter konstruiert. Dessen Zustandsvektor $\underline{x}_{kj}$ geht in die Berechnung des Vektors für die Kollisionsgefahr zwischen dem Roboter j und dem Roboter k, $\underline{r}_{kj}$, ein. Aus diesem und den originalen Sollwerten wird ein modifizierter Sollwertvektor $\underline{w}_{kj}^s$ hergeleitet. Aus den einzelnen Sollwertvektoren, die jeweils auf einen der dem Roboter j benachbarten Roboter bezogen sind, wird abschließend der auf die Regelung aufzuschaltende Vektor $\underline{w}_j'^s$ berechnet.

Zuerst wird also für das Paar j,k (Bild 5) die Berechnung der Kollisionsgefahr für den Roboter j bezüglich des Roboters k durchgeführt und daraus abgeleitet dann eine sichere, d.h. bezüglich des Roboters k kollisionsfreie Bahn des Roboters j berechnet.

Prinzipiell wird für die Kollisionsvermeidung nur der Bereich zwischen den Robotern k und j betrachtet, der beidseitig durch die senkrecht auf der Verbindungslinie der Ur-

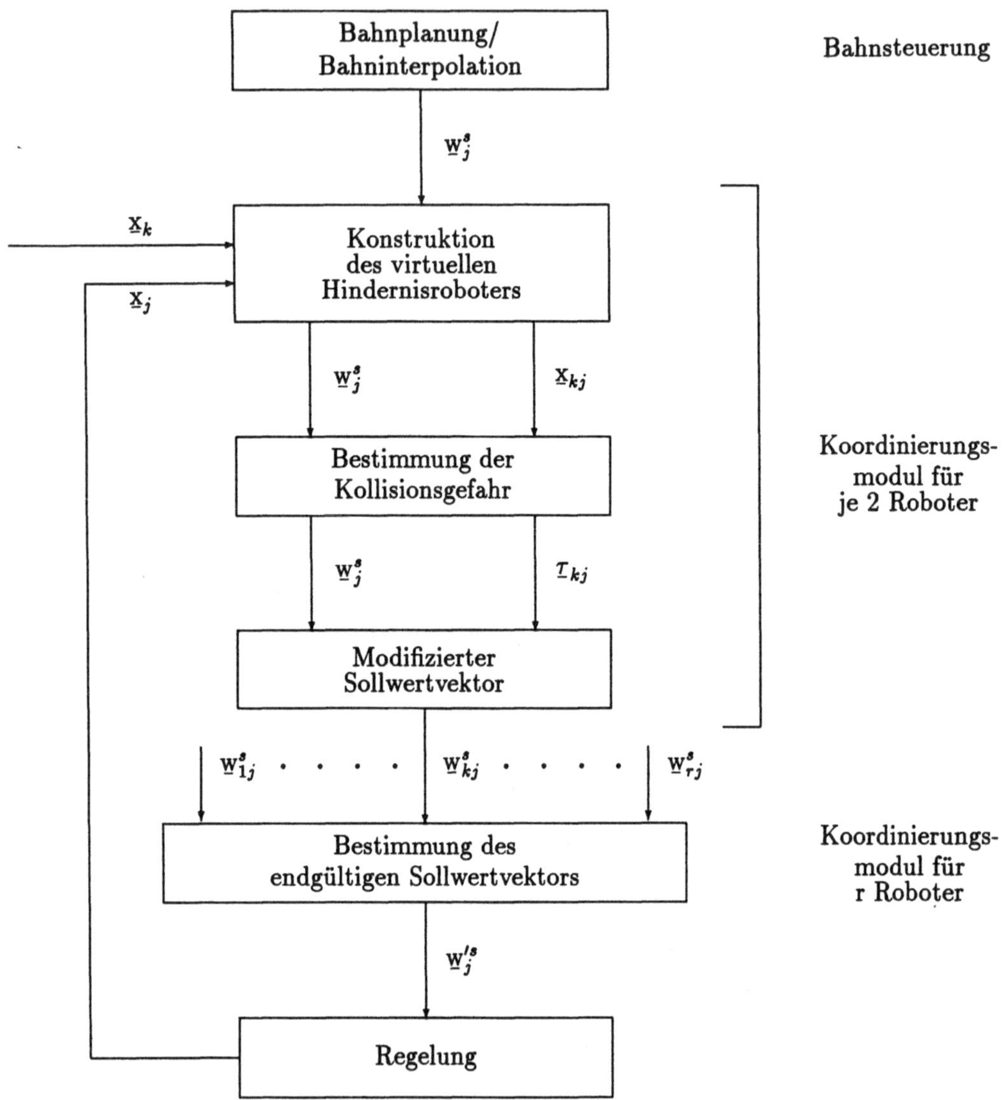

Bild 4: Struktur des Kollisionsvermeidungs-Moduls

sprünge a_{kj} stehenden und jeweils durch die Ursprünge selbst laufenden Geraden begrenzt wird (Bild 6). Das bedeutet, daß der Arm eines Roboters nicht die durch den Ursprung des anderen Roboters laufende und auf a_{kj} senkrecht stehende Gerade schneiden darf, was jedoch keine praktische Einschränkung bedeutet, da ansonsten ein Roboter 'hinter' dem anderen arbeitete. Dieser Raum zwischen den Robotern wird der gemeinsame Arbeitsbereich der Roboter k und j genannt.

Die Steuerung des betrachteten Roboters j arbeite mit einem Sollwert-Takt Δt, d.h. in diesem zeitlichen Abstand werden von der Bahninterpolation neue Positionsvorgaben an

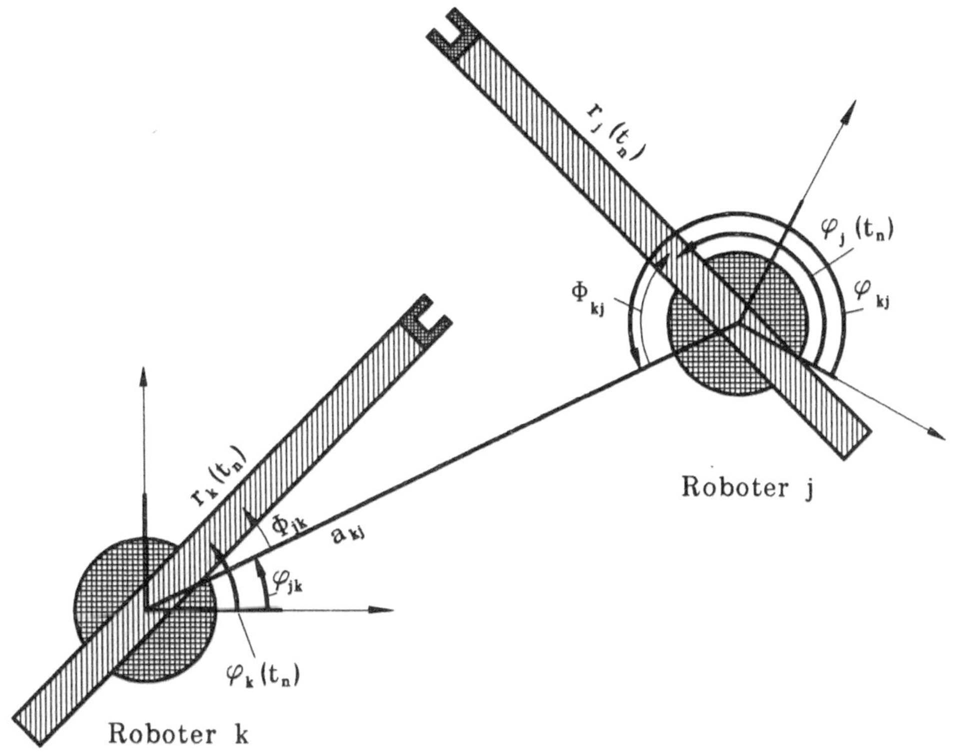

Bild 5: System mit zwei Robotern

die Regelung abgesetzt. Der Sollwertvektor des Roboters j für die hier berücksichtigten Grundachsen sei

$$\underline{w}_j^s(t_n) = \begin{bmatrix} \varphi_j^s(t_n) \\ z_j^s(t_n) \\ r_j^s(t_n) \end{bmatrix} \tag{2}$$

Das gesamte System wird zu einem beliebig gewählten Zeitpunkt t_n betrachtet. Es wird davon ausgegangen, daß jedes Element des Sollwertvektors aus (2), das der Kollisionsvermeidung zur Verfügung gestellt wird, von dieser verändert werden kann und im folgenden Steuerungs-Takt auf die Regelung aufgeschaltet wird. Der Roboter j habe eine minimale Ausfahrweite r_j^{min} und eine maximale r_j^{max} sowie eine Gesamtlänge des Arms r_j^l (Bild 7). Der Drehbereich sei o.B.d.A. auf $\pm\pi$ begrenzt. Die Funktion $\mathcal{N}(\alpha)$ sei eine Normierungs-Funktion, d.h. sie bildet alle Winkelwerte α in den Bereich $[-\pi, +\pi]$ ab, so daß nur eindeutige Werte benutzt werden.

Weitere Systemkonstanten sind für die Translation die nominelle Beschleunigung $\ddot{r}_j^{nom}$ und die maximal mögliche Achsgeschwindigkeit $\dot{r}_j^{max}$, sowie für die Rotation entsprechend

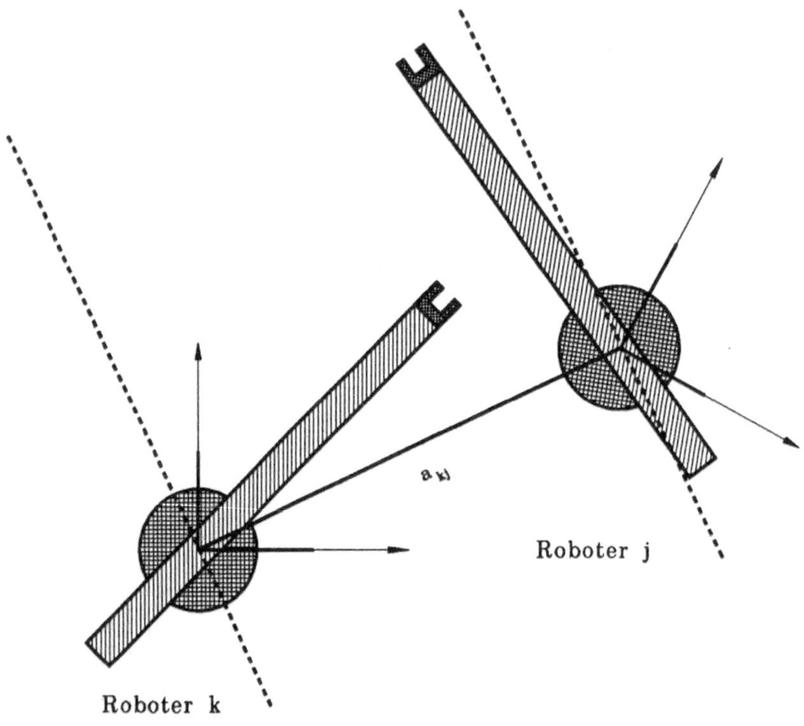

Bild 6: Gemeinsamer Arbeitsbereich der Roboter k und j

$\ddot{\varphi}_j^{nom}$ und $\dot{\varphi}_j^{max}$. Unter der nominellen Beschleunigung einer Achse ist diejenige Beschleunigung zu verstehen, die diese Achse in jedem zulässigen Zustand des Roboters mindestens erreichen kann.

Alle Berechnungen in dieser Arbeit beziehen sich nicht auf die tatsächliche Außenhülle der Roboter, sondern auf die als Strecken angenommenen Achsen. Dadurch werden die Rechnungen wesentlich vereinfacht und entsprechend gegenüber einer exakten Modellierung beschleunigt. Die Vernachlässigung des Volumens wird bei der Bestimmung der Trajektorie durch Einbeziehung von Sicherheitsabständen ausgeglichen. Damit wird der gleiche Effekt wie bei einer Umschreibung des Arms mit einfachen Körpern erzielt, allerdings mit geringerem Aufwand. Die Sicherheitsabstände gehen nur noch additiv in die Achswerte ein, somit ist ihr Einfluß auf die online-Fähigkeit des Verfahrens vernachlässigbar.

Da der hier verwendete Robotertyp als dritte Achse eine Translationsachse hat, die beidseitig aus dem Drehturm ragt, muß auch der rückwärtig herausragende Teil dieser Achse bei der Kollisionsvermeidung berücksichtigt werden. In den Berechnungen wird daher jeweils derjenige Teil des Arms betrachtet, der sich im oben beschriebenen gemeinsamen Arbeitsbereich befindet (Bild 8). Es ist hierzu lediglich notwendig, innerhalb des Koordinierungsmoduls die Lage- und Geschwindigkeitswerte ggf. auf den rückwärtigen Armteil umzurechnen.

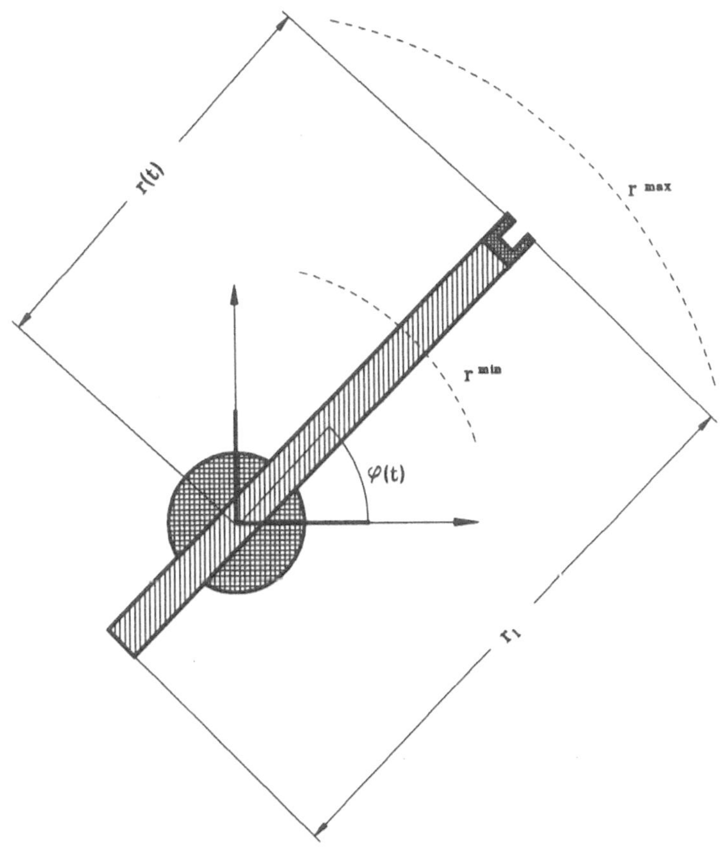

Bild 7: Geometrie des Roboters in der Grundebene

Der Handpunkt des Roboterarms j befindet sich im gemeinsamen Arbeitsbereich mit dem Roboter k, falls der Winkel zwischen der Verbindungsstrecke a_{kj} von seinem Ursprung zum Ursprung des Roboter k, sowie der Strecke von seinem Ursprung zu seinem Handpunkt maximal ein rechter ist, d.h wenn

$$\left|\mathcal{N}[\varphi_j(t_n) - \varphi_{kj}]\right| \leq \pi/2 \tag{3}$$

gilt (Bild 5). Ansonsten ist der rückwärtig aus dem Drehturm ragende Teil der Translationsachse im gemeinsamen Arbeitsbereich. Die Länge der Verbindungsstrecke a_{kj} ist durch

$$a_{kj} = \sqrt{(x_k - x_j)^2 + (y_k - y_j)^2} \tag{4}$$

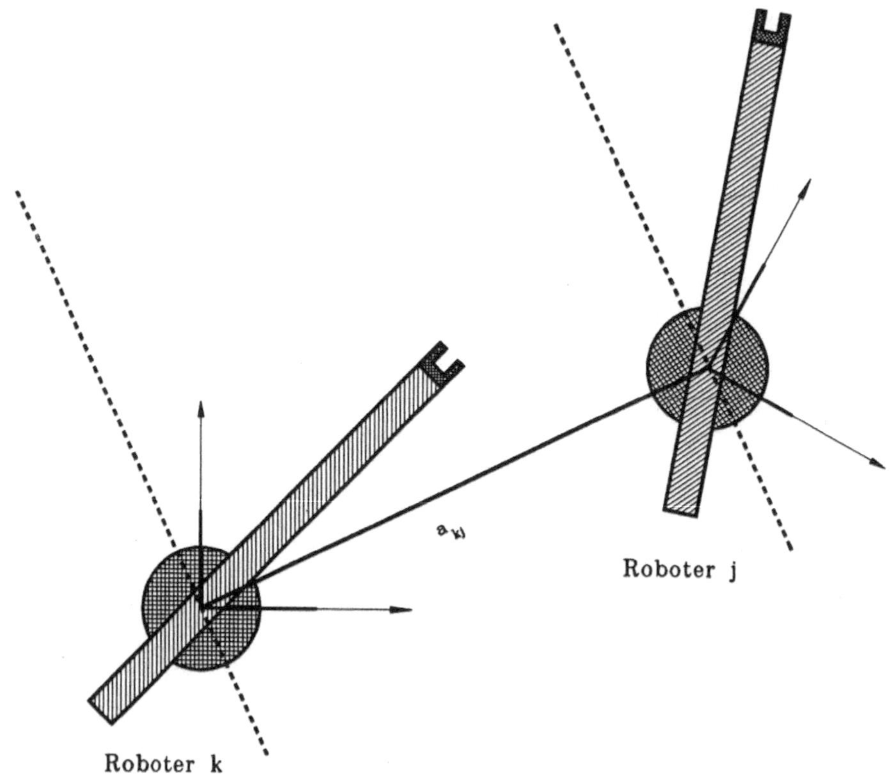

Bild 8: Hinterer Ausleger im gemeinsamen Arbeitsbereich

und der Winkel φ_{kj} zwischen der x-Achse des lokalen Koordinatensystems des Roboters j und der Verbindungsstrecke durch

$$\varphi_{kj} = \mathcal{N}(\text{atan2}\frac{y_k - y_j}{x_k - x_j} - \varphi_j^g) \tag{5}$$

gegeben. Dabei sind x_k, y_k, x_j, y_j die x- bzw. y-Koordinaten der Ursprünge der Roboter k und j im globalen Zellenkoordinatensystem und φ_j^g die Verdrehung des lokalen Koordinatensystems des Roboters j gegenüber dem globalen Zellenkoordinatensystem. Die Gleichungen (3)–(5) gelten entsprechend für den Roboter k.

Damit wird der lokale, d.h. nur im Kollisionsvermeidungs-Modul gültige, Translationswert des Roboters j zu

$$r'_{kj}(t_n) = \begin{cases} r_j^l - r_j(t_n) & \text{falls} \quad \left|\mathcal{N}[\varphi_j(t_n) - \varphi_{kj}]\right| > \pi/2 \\ r_j(t_n) & \text{sonst} \end{cases} \tag{6}$$

Für den lokalen Rotationswert des Roboters j folgt

$$\varphi'_{kj}(t_n) = \begin{cases} \mathcal{N}[\varphi_j(t_n) - \pi] & \text{falls} \quad \left|\mathcal{N}[\varphi_j(t_n) - \varphi_{kj}]\right| > \pi/2 \\ \varphi_j(t_n) & \text{sonst} \end{cases} \tag{7}$$

Falls also (3) nicht gilt, wird die Länge des rückwärtigen Armteils als Differenz zwischen der Gesamtlänge r^l_j und der Länge vom Ursprung bis zum Handpunkt $r_j(t_n)$ bestimmt. Weiterhin wird statt des Winkels zum Handpunkt der normierte Winkel zum entgegengesetzten Ende des Arms gewählt. Für den lokalen Translationswert des Roboters k gilt nach (6) dann entsprechend

$$r'_{jk}(t_n) = \begin{cases} r^l_k - r_k(t_n) & \text{falls} \quad \left|\mathcal{N}[\varphi_k(t_n) - \varphi_{jk}]\right| > \pi/2 \\ r_k(t_n) & \text{sonst} \end{cases} \tag{8}$$

und für den lokalen Rotationswert des Roboters k entsprechend (7)

$$\varphi'_{jk}(t_n) = \begin{cases} \mathcal{N}[\varphi_k(t_n) - \pi] & \text{falls} \quad \left|\mathcal{N}[\varphi_k(t_n) - \varphi_{jk}]\right| > \pi/2 \\ \varphi_k(t_n) & \text{sonst} \end{cases} \tag{9}$$

Für den Bezugsroboter j wird noch zusätzlich eine Umrechnung der Geschwindigkeit der dritten Achse benötigt, falls deren rückwärtiger Teil betrachtet wird. Es ergibt sich

$$\dot{r}'_{kj}(t_n) = \begin{cases} -\dot{r}_j(t_n) & \text{falls} \quad \left|\mathcal{N}[\varphi_j(t_n) - \varphi_{kj}]\right| > \pi/2 \\ \dot{r}_j(t_n) & \text{sonst} \end{cases} \tag{10}$$

als lokale Translations-Geschwindigkeit, d.h. für den Fall, daß (3) nicht gilt, wird das Vorzeichen der Geschwindigkeit umgekehrt (wenn der vordere Teil der Achse ausfährt, fährt der hintere mit dem gleichen Betrag der Geschwindigkeit ein und umgekehrt). Die Rotationsgeschwindigkeit ist für beide Fälle identisch.

Ebenso wie (6) und (8) werden die Lagesollwerte für den Bezugsroboter j lokal umgerechnet:

$$r'^s_{kj}(t_n) = \begin{cases} r^l_j - r^s_j(t_n) & \text{falls} \quad \left|\mathcal{N}[\varphi_j(t_n) - \varphi_{kj}]\right| > \pi/2 \\ r^s_j(t_n) & \text{sonst} \end{cases} \tag{11}$$

für den Sollwert der Translation und für den Sollwert der Rotation entsprechend (7) und (9)

$$\varphi'^{s}_{kj}(t_n) = \begin{cases} \mathcal{N}[\varphi^{s}_{j}(t_n) - \pi] & \text{falls} \quad \left|\mathcal{N}[\varphi_j(t_n) - \varphi_{kj}]\right| > \pi/2 \\ \varphi^{s}_{j}(t_n) & \text{sonst} \end{cases} \tag{12}$$

Die Werte aus (6)–(12) haben nur innerhalb des Kollisionsvermeidungsmoduls Gültigkeit. Zur Vereinfachung der folgenden Ausdrücke werden für beide Roboter normierte und vom robotereigenen Koordinatensystem unabhängige, d.h. auf die Verbindungsstrecke der Ursprünge a_{kj} bezogene Winkel definiert (Bild 5):

$$\phi_{kj}(t_n) = \mathcal{N}[\varphi'_{kj}(t_n) - \varphi_{kj}] \tag{13}$$

für die Winkellage des Roboters j und entsprechend für die Winkellage des Roboters k

$$\phi_{jk}(t_n) = \mathcal{N}[\varphi'_{jk}(t_n) - \varphi_{jk}] \tag{14}$$

3.2.1 Konstruktion eines virtuellen Hindernisroboters

Zur Erkennung und Berechung des Maßes der Kollisionsgefahr zwischen dem Bezugsroboter j und dem Roboter k wird ein virtueller Hindernisroboter, im folgenden auch als VHR abgekürzt, konstruiert und dessen Lage und Bewegung in Beziehung zum Bezugsroboter gesetzt (Bild 4). Ein ähnliches Konstrukt, der permanent kollidierende Roboter, wird in [16] und [17] entwickelt. Dieser hat jedoch den Nachteil, daß nicht alle Kollisionen erkannt werden, da er sich nicht auf die gesamten Arme, sondern nur auf spezielle Punkte, z.B. die Handpunkte bezieht. Mit dem hier vorgestellten Konzept wird von dem festen Bezugspunkt abgegangen und beide Arme werden in der vollen Länge berücksichtigt. Damit ist auch eine adäquate Behandlung des rückwärtigen Auslegers der dritten Achse gewährleistet. Der virtuelle Hindernisroboter hat den gleichen kinematischen Aufbau wie die anderen hier betrachteten Roboter. Er hat seinen Ursprung im Ursprung des Bezugsroboters. Aus dem Vergleich der Lagen und Geschwindigkeiten der korrespondierenden Achsen des Bezugsroboters und des virtuellen Roboters ergibt sich für jede Achse $\xi \in \{\varphi, z, r\}$ des Roboters j ein Gefahrenwert $\tau\xi_{kj}(t_n)$, der angibt, in welcher Zeit voraussichtlich eine Übereinstimmung mit der entsprechenden Achse des virtuellen Hindernisroboters eintreten wird bzw. gewollt erreicht werden kann.

Die Lage des virtuellen Hindernisroboters ergibt sich aus den kürzesten Abständen der Arme der beiden Roboter j und k sowie des Ursprungs des Roboters j zum Arm des Roboters k. In den Bildern 10–16 sind die verschiedenen Konfigurationen dargestellt, die bei der Berechnung dieser Abstände zu berücksichtigen sind. Je nach Konfiguration gehen unterschiedliche Winkel- und Längenwerte in die Bestimmung des VHR ein. Dies ist auch in der Bezeichnung der Bilder berücksichtigt.

Zunächst erfolgt die Bestimmung der benötigten Abstandswerte und Winkel in diesem Robotersystem, die für die Berechnung des virtuellen Hindernisroboters und für das Verhalten in Konfliktfällen sowohl innerhalb dieses Systems als auch innerhalb des umgebenden Mehrroboter-Systems benötigt werden.

Der kürzeste Abstand der beiden Roboterarme kann der Abstand d_{kj} der Endpunkte der Arme, das Lot vom Endpunkt eines Arms auf den anderen Arm, l_{kj} bzw. l_{jk}, oder der Abstand vom Ursprung des einen Arms zum Endpunkt des anderen Arms, e_{kj} bzw. e_{jk} sein (Bild 9). Ob als Endpunkt eines Arms der Handpunkt oder das entgegengesetzte Ende der Translationsachse gewählt wird, wurde in (6) bis (9) bestimmt.

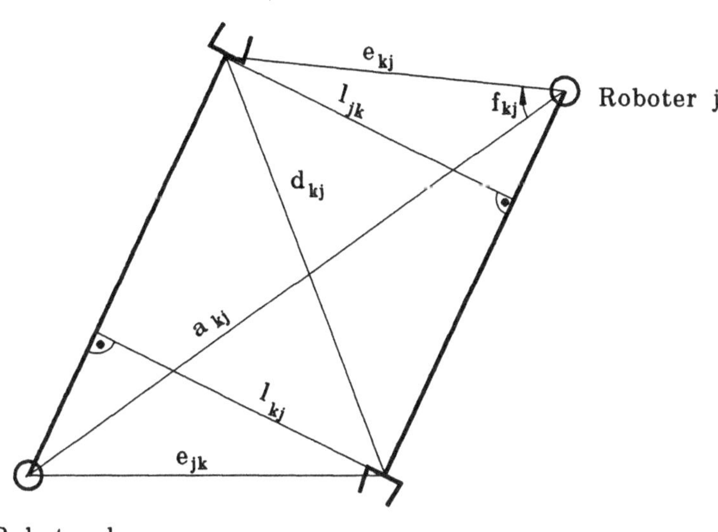

Bild 9: Bestimmung des minimalen Armabstands

Die Berechnung des Abstands d_{kj} der Endpunkte erfolgt nach dem Cosinussatz mit

$$d_{kj}(t_n) = \sqrt{e_{kj}^2(t_n) + r_{kj}'^2(t_n) - 2e_{kj}(t_n)r_{kj}'(t_n)\cos[\phi_{kj}(t_n) - f_{kj}(t_n)]} \tag{15}$$

Hierbei ist der Abstand $e_{kj}(t_n)$ des Ursprungs des Bezugsroboters j zum Endpunkt des Roboters k in (15) ebenfalls nach dem Cosinussatz als

$$e_{kj}(t_n) = \sqrt{a_{kj}^2 + r_{jk}'^2(t_n) - 2a_{kj}r_{jk}'(t_n)\cos[\phi_{jk}(t_n)]} \tag{16}$$

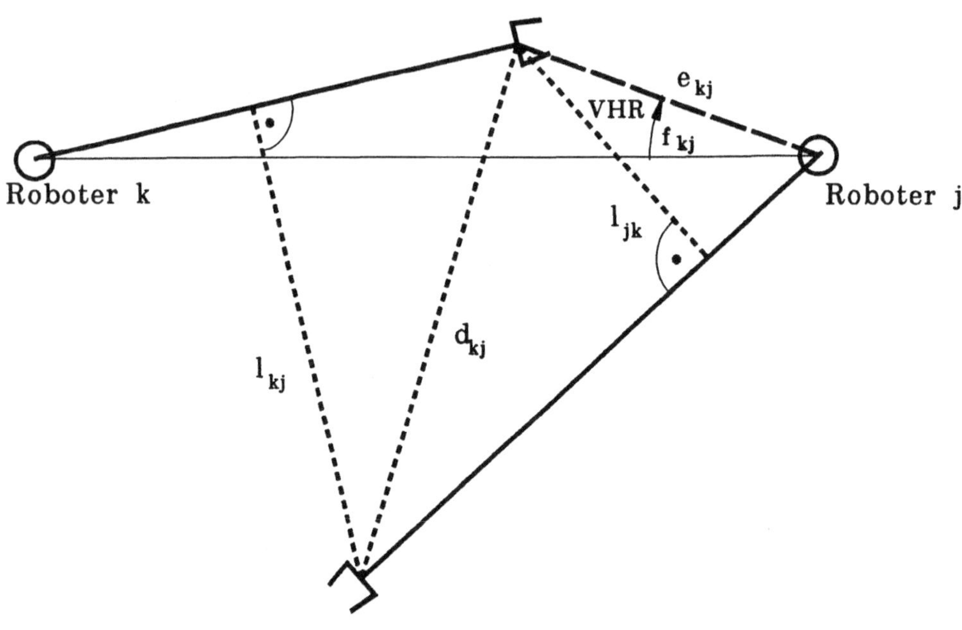

Bild 10: Armkonfiguration des VHR: f_{kj}, e_{kj}

und der Winkel $f_{kj}(t_n)$ in (15) zwischen der Strecke a_{kj} und der Strecke e_{kj} durch

$$f_{kj}(t_n) = \operatorname{atan2} \frac{-\,r'_{jk}(t_n)\sin[\phi_{jk}(t_n)]}{a_{kj} - r'_{jk}(t_n)\cos[\phi_{jk}(t_n)]} \tag{17}$$

gegeben (Bild 10). Entsprechend ergibt sich der Winkel $f_{jk}(t_n)$ zwischen der Strecke a_{kj} und der Strecke e_{jk} durch

$$f_{jk}(t_n) = \operatorname{atan2} \frac{-\,r'_{kj}(t_n)\sin[\phi_{kj}(t_n)]}{a_{kj} - r'_{kj}(t_n)\cos[\phi_{kj}(t_n)]} \tag{18}$$

Die Berechnung des Lots vom Endpunkt des Arms des Roboters k auf den Arm des Roboters j erfolgt mit Hilfe von (15) und (16) nach der Flächenformel und dem Satz von Heron durch

$$l_{jk}(t_n) = \frac{2\sqrt{s(t_n)[s(t_n) - d_{kj}(t_n)][s(t_n) - r'_{kj}(t_n)][s(t_n) - e_{kj}(t_n)]}}{r'_{kj}(t_n)} \tag{19}$$

wobei $s(t_n)$ in (19) mit

$$s(t_n) = \frac{d_{kj}(t_n) + r'_{kj}(t_n) + e_{kj}(t_n)}{2} \tag{20}$$

gegeben ist. Entsprechend (19) gilt für das Lot vom Endpunkt des Roboters j auf den Arm des Roboters k mit Hilfe von (15)

$$l_{kj}(t_n) = \frac{2\sqrt{s(t_n)[s(t_n) - d_{kj}(t_n)][s(t_n) - r'_{jk}(t_n)][s(t_n) - e_{jk}(t_n)]}}{r'_{jk}(t_n)} \tag{21}$$

wobei $s(t_n)$ in (21) mit

$$s(t_n) = \frac{d_{kj}(t_n) + r'_{jk}(t_n) + e_{jk}(t_n)}{2} \tag{22}$$

und der Abstand $e_{jk}(t_n)$ des Ursprungs des Roboters k zum Endpunkt des Bezugsroboters j in (21) analog (16) nach dem Cosinussatz mit

$$e_{jk}(t_n) = \sqrt{a_{kj}^2 + r'^2_{kj}(t_n) - 2a_{kj}r'_{kj}(t_n)\cos[\phi_{kj}(t_n)]} \tag{23}$$

gegeben sind.

3.2.1.1 Berechnung der Rotationslage für den VHR

Für die Berechnung der Drehlage $\psi_{kj}(t_n)$ des virtuellen Hindernisroboters, bezogen auf die Verbindungslinie der Roboter a_{kj}, ist der kürzeste Abstand der beiden Arme relevant. Hierbei werden die Lote $l_{kj}(t_n)$ bzw. $l_{jk}(t_n)$ nur dann berücksichtigt, wenn sie auch tatsächlich auf den Arm (Bild 9) und nicht auf die durch ihn definierte Gerade (Bilder 11 und 12) gefällt werden.

Kriterium dafür, daß ein Lot auf den Arm gefällt wird, ist erstens, daß der Endpunkt des betreffenden Roboters jeweils außerhalb des rechtwinkligen Dreiecks (Roboterursprung – Endpunkt des anderen Roboters – Fußpunkt des Lotes) liegt bzw. mit dem Fußpunkt des Lotes zusammenfällt (Bild 9) und nicht darin (Bild 11). Weiterhin darf der Absolutwert des Winkels zwischen dem Arm, auf den das Lot gefällt werden soll, und der Verbindungslinie seines Ursprungs zum Endpunkt des anderen Arms maximal $\pi/2$ sein (Bild 12). Damit wird also $l_{kj}(t_n)$ für die Berechnung von $\psi_{kj}(t_n)$ benutzt, falls erstens die Dreiecksbedingung nach (21) und (23)

$$r'_{jk}(t_n) \geq \sqrt{e_{jk}^2(t_n) - l_{kj}^2(t_n)} \tag{24}$$

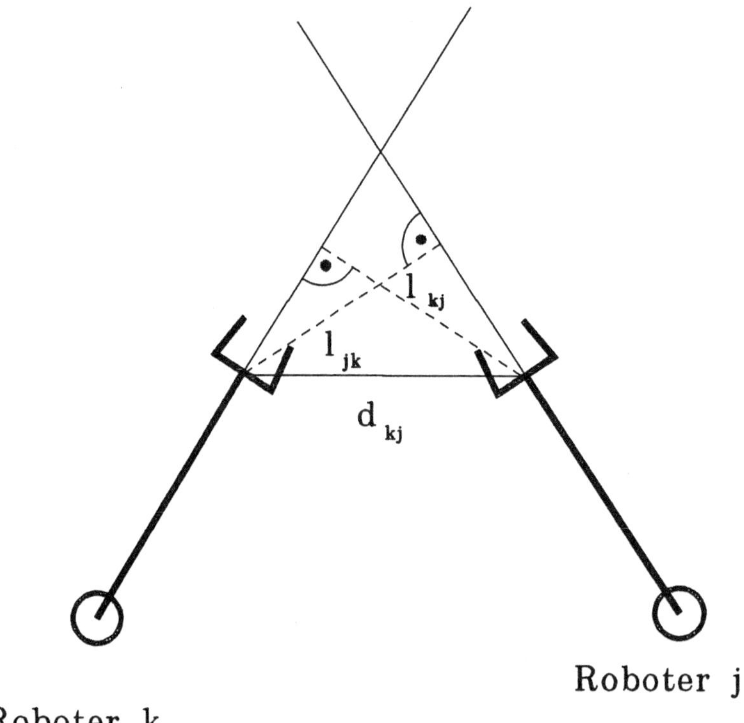

Bild 11: Abstand d_{kj} der Arm-Endpunkte

und gleichzeitig mit den Teilwinkeln aus (14) und (18) die Winkelbedingung

$$\left|\phi_{jk}(t_n) - f_{jk}(t_n)\right| \leq \pi/2 \tag{25}$$

gilt. Analog wird $l_{jk}(t_n)$ für die Berechnung von $\psi_{kj}(t_n)$ benutzt, falls erstens nach (16) und (19) die Dreiecksbedingung

$$r'_{kj}(t_n) \geq \sqrt{e^2_{kj}(t_n) - l^2_{jk}(t_n)} \tag{26}$$

und zweitens mit den Teilwinkeln aus (13) und (17) die Winkelbedingung

$$\left|\phi_{kj}(t_n) - f_{kj}(t_n)\right| \leq \pi/2 \tag{27}$$

gilt. Der Winkel $\psi_{kj}(t_n)$ wird definiert als der Winkel zwischen der Verbindungslinie der Roboter a_{kj} und der Geraden vom Ursprung des Roboters j zu demjenigen Punkt des

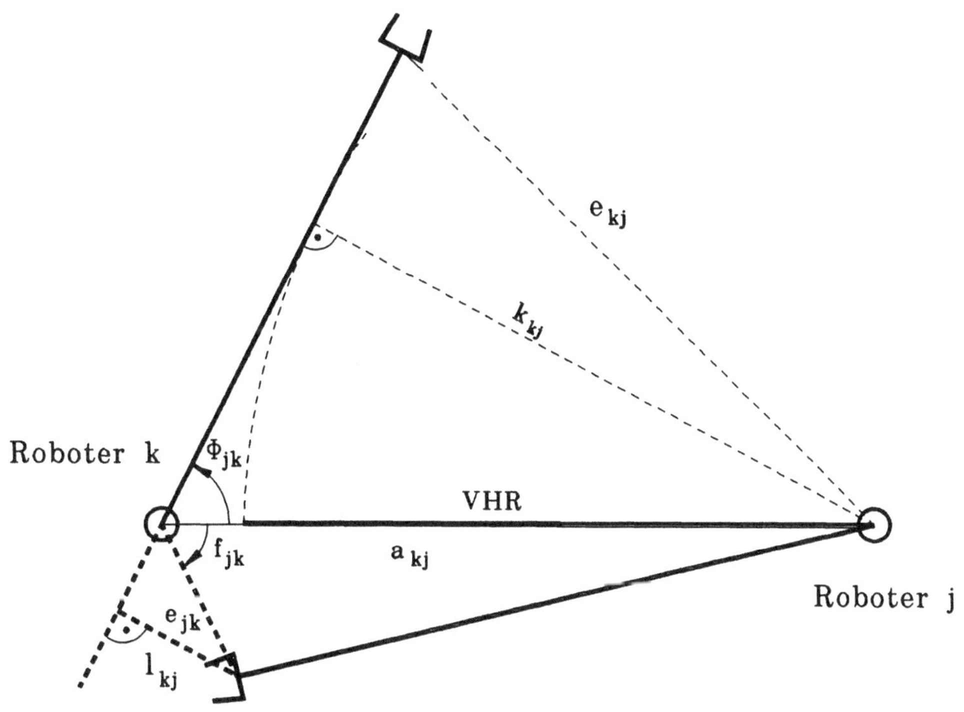

Bild 12: Armkonfiguration des VHR: $0, k_{kj}$

Roboters k, der dem Arm des Roboters j am nächsten ist. Wenn die Winkelbedingung (25) nicht erfüllt ist, so ist der Ursprung des Roboters k dem Arm des Roboters j am nächsten. Wenn jedoch (25) gilt, und erstens die Dreiecksbedingung (24) nicht erfüllt ist, oder zweitens (26) und (27) gelten (Bild 10), so ist der Endpunkt des Roboters k dem Arm des Roboters j am nächsten. Andernfalls ist es der Fußpunkt des Lotes $l_{kj}(t_n)$ auf dem Arm des Roboters k. Damit ergibt sich nach (19), (21) und (24)-(27):

$$\psi_{kj}(t_n) = \begin{cases} 0 & \text{falls} \quad \pi/2 < \left|\phi_{jk}(t_n) - f_{jk}(t_n)\right| \\ f_{kj}(t_n) & \text{sonst, falls} \quad r'_{jk}(t_n) < \sqrt{e^2_{jk}(t_n) - l^2_{kj}(t_n)} \\ & \qquad \vee \begin{bmatrix} l_{kj}(t_n) > l_{jk}(t_n) \\ \wedge\ r'_{kj}(t_n) \geq \sqrt{e^2_{kj}(t_n) - l^2_{jk}(t_n)} \\ \wedge\ \pi/2 \geq \left|\phi_{kj}(t_n) - f_{kj}(t_n)\right| \end{bmatrix} \\ \psi'_{kj}(t_n) & \text{sonst} \end{cases} \tag{28}$$

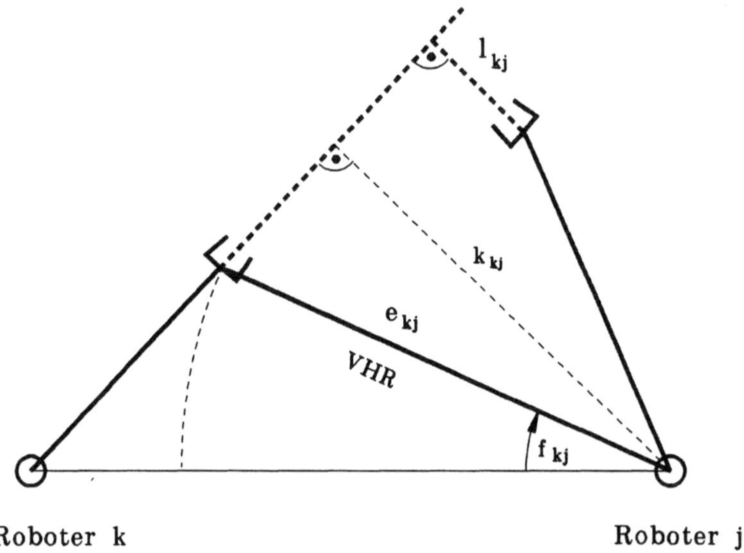

Bild 13: Armkonfiguration des VHR: f_{kj}, e_{kj}

Für $\psi'_{kj}(t_n)$ folgt analog zu der in (17) durchgeführten Berechnung für den Winkel zwischen der Verbindungslinie der Roboterursprünge a_{kj} und dem Fußpunkt des Lotes $l_{kj}(t_n)$:

$$\psi'_{kj}(t_n) = \text{atan2}\frac{-\sqrt{e_{jk}^2(t_n) - l_{kj}^2(t_n)}\sin[\phi_{jk}(t_n)]}{a_{kj} - \sqrt{e_{jk}^2(t_n) - l_{kj}^2(t_n)}\cos[\phi_{jk}(t_n)]} \tag{29}$$

3.2.1.2 Berechnung der Translationslage für den VHR

Die Translation des virtuellen Hindernisroboters wird durch den Abstand des Ursprungs des Bezugsroboters j (der zugleich auch sein eigener Ursprung ist) zum Arm des Roboters k bestimmt. Dieser Wert kann entweder der Abstand $e_{kj}(t_n)$ zum Endpunkt des Arms des Roboters k (Bilder 13 und 14) oder das Lot $k_{kj}(t_n)$ vom Ursprung des Bezugsroboters auf den Arm des Roboters k sein, falls es existiert (Bilder 15 und 16). Dieser letztgenannte Wert wird analog zu (20) mit $e_{kj}(t_n)$ aus (16) durch

$$k_{kj}(t_n) = \frac{2\sqrt{s(t_n)[s(t_n) - a_{kj}][s(t_n) - r'_{jk}(t_n)][s(t_n) - e_{kj}(t_n)]}}{r'_{jk}(t_n)} \tag{30}$$

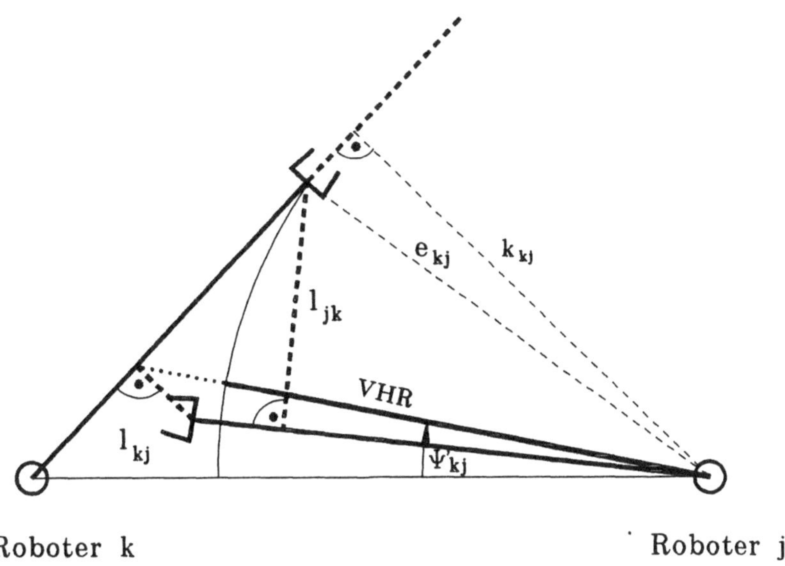

Bild 14: Armkonfiguration des VHR: ψ'_{kj}, e_{kj}

berechnet, wobei $s(t_n)$ in (30) durch

$$s(t_n) = \frac{a_{kj} + r'_{jk}(t_n) + e_{kj}(t_n)}{2} \tag{31}$$

gegeben ist, falls das Lot $k_{kj}(t_n)$ auf den Arm (Bild 15) und nicht nur auf die durch ihn definierte Gerade gefällt wird (Bild 13). Dies ist der Fall, wenn analog zu (24) und (26) der relevante Endpunkt des Roboters k außerhalb des rechtwinkligen Dreiecks (Ursprung Roboter k – Ursprung Roboter j – Fußpunkt des Lotes) liegt bzw. mit dem Fußpunkt des Lotes zusammenfällt, und somit

$$r'_{jk}(t_n) \geq \sqrt{a^2_{kj}(t_n) - k^2_{kj}(t_n)} \tag{32}$$

gilt. Damit ergibt sich für den Translationswert $r_{kj}(t_n)$ des virtuellen Hindernisroboters

$$r_{kj}(t_n) = \begin{cases} k_{kj}(t_n) & falls \quad r'_{jk}(t_n) \geq \sqrt{a^2_{kj}(t_n) - k^2_{kj}(t_n)} \\ & \quad \wedge \; e_{kj}(t_n) \geq k_{kj}(t_n) \\ e_{kj}(t_n) & sonst \end{cases} \tag{33}$$

d.h., der kürzere der beiden Werte $e_{kj}(t_n)$ und $k_{kj}(t_n)$ ist relevant.

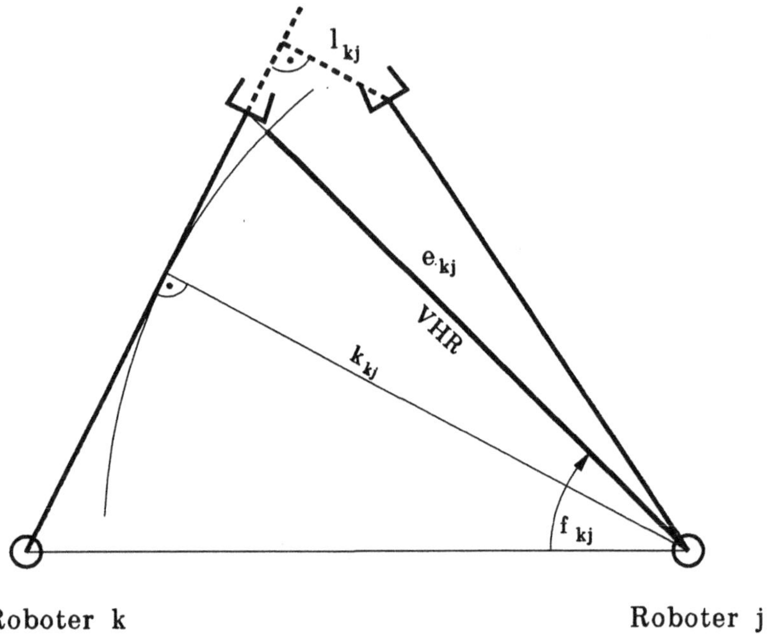

Bild 15: Armkonfiguration des VHR: f_{kj}, k_{kj}

3.2.1.3 Bestimmung des Zustandsvektors für den VHR

Der virtuelle Hindernisroboter zeigt also stets auf den Punkt des Arms des Roboters k, der dem Arm des Bezugsroboters am nächsten ist, und hat als Ausfahrlänge den minimalen Abstand des Arms des Roboters k zum Ursprung des Bezugsroboters j.

Die Geschwindigkeit des virtuellen Hindernisroboters wird aus der Achsveränderung zwischen dem jetztigen Zeittakt t_n und dem vorangegangenen Zeittakt t_{n-1} sowie der Länge des Zeittaktes Δt für jede Achse mit Hilfe eines Differenzenquotienten berechnet. Für die Rotation ergibt sich damit nach (28)

$$\dot{\psi}_{kj}(t_n) = \frac{\psi_{kj}(t_n) - \psi_{kj}(t_{n-1})}{\Delta t} \tag{34}$$

wobei ein positiver Wert eine Drehung in positiver Winkelrichtung bedeutet, und für die Translation ergibt sich nach (33)

$$\dot{r}_{kj}(t_n) = \frac{r_{kj}(t_n) - r_{kj}(t_{n-1})}{\Delta t} \tag{35}$$

wobei ein positiver Wert eine Ausfahrbewegung bedeutet.

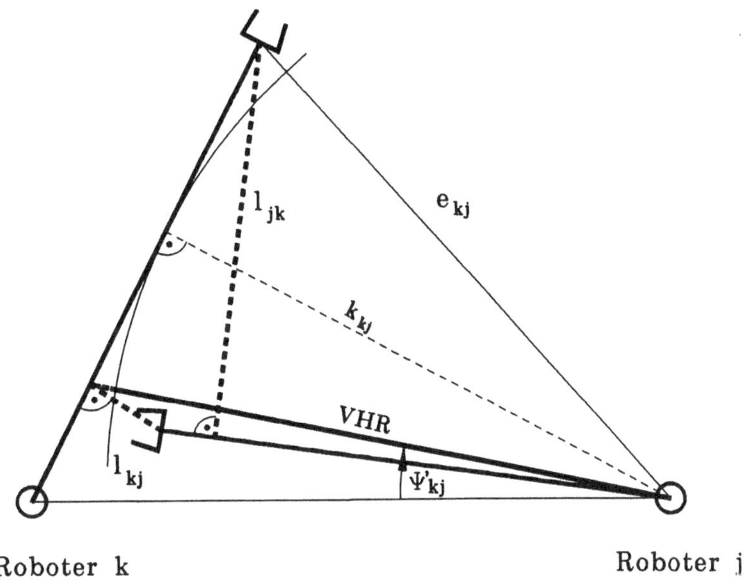

Bild 16: Armkonfiguration des VHR: ψ'_{kj}, k_{kj}

Mit (28), (33), (34) und (35) ergibt sich der Zustandsvektor des virtuellen Hindernisroboters zu

$$\underline{x}_{kj}(t_n) = \begin{bmatrix} \psi_{kj}(t_n) \\ \dot{\psi}_{kj}(t_n) \\ z_j(t_n) \\ \dot{z}_j(t_n) \\ r_{kj}(t_n) \\ \dot{r}_{kj}(t_n) \end{bmatrix} \tag{36}$$

Dabei werden die zugehörigen z-Komponenten hier zunächst vom Bezugsroboter j übernommen.

3.2.2 Berechnung der Parameter für die Kollisionsgefahr

Für die Bewertung der Kollisionsgefahr des Bezugsroboters j bezüglich des Roboters k wird nun ein Gefahrenvektor $\underline{\tau}_{kj}(t_n)$ gebildet, der für jeden Freiheitsgrad $\xi \in \{\varphi, z, r\}$ einen Wert $\tau\xi_{kj}(t_n)$ bestimmt (Bild 4). Die Komponenten des Vektors $\underline{\tau}_{kj}(t_n)$ sind ein Maß für die Zeit, bis zu der die jeweilige Achse die Position der entsprechenden Achse des virtuellen Hindernisroboters einnehmen wird, wenn die gegenwärtigen Geschwindigkeiten beider Roboter sowie die maximale Geschwindigkeit des Bezugsroboters berücksichtigt werden. Sind die korrespondierenden Achsen des Bezugsroboters und des virtuellen Hindernisroboters in Übereinstimmung, so ist daher die zugehörige Komponente des Vektors $\underline{\tau}_{kj}(t_n)$ gleich Null.

Um die Zeit zu bestimmen, in der eine Achse des Bezugsroboters mit der entsprechenden Achse des virtuellen Hindernisroboters unter den aktuellen Randbedingungen übereinstimmen wird, wird die Lagedifferenz dieser Achsen entweder durch die maximal von dieser Achse des Bezugsroboters erreichbare Geschwindigkeit, oder, falls dieser Wert dem Betrag nach größer ist, durch ihre Geschwindigkeitsdifferenz dividiert.

3.2.2.1 Berechnung des Parameters für die Rotation

Zunächst ergibt sich der Parameter $\tau\varphi_{kj}(t_n)$ für die Kollisionsgefahr zwischen dem Roboter j und dem virtuellen Hindernisroboter bezüglich des Roboters k in der Rotationsachse zu

$$\tau\varphi_{kj}(t_n) = \begin{cases} \left|\dfrac{\Delta\varphi_{kj}(t_n)}{\dot{\varphi}_j^{max}}\right| & \text{falls} \quad \left|\Delta\dot{\varphi}_{kj}(t_n)\right| \leq \dot{\varphi}_j^{max} \\ \left|\dfrac{\Delta\varphi_{kj}(t_n)}{\Delta\dot{\varphi}_{kj}(t_n)}\right| & \text{sonst} \end{cases} \tag{37}$$

In (37) ist die Differenz zwischen der Winkellage $\phi_{kj}(t_n)$ des Bezugsroboters und der Winkellage $\psi_{kj}(t_n)$ des virtuellen Hindernisroboters aus (28) (Bild 17) durch

$$\Delta\varphi_{kj}(t_n) = \phi_{kj}(t_n) - \psi_{kj}(t_n) \tag{38}$$

gegeben. Die Differenzgeschwindigkeit zwischen der Geschwindigkeit des Roboters j und der des virtuellen Hindernisroboters für die Rotation aus (37) wird mit

$$\Delta\dot{\varphi}_{kj}(t_n) = \frac{\Delta\varphi_{kj}(t_n) - \Delta\varphi_{kj}(t_{n-1})}{\Delta t} = \dot{\varphi}_j(t_n) - \dot{\psi}_{kj}(t_n) \tag{39}$$

berechnet. Dabei ist $\dot{\varphi}_j^{max}$ die Systemkonstante für die maximal mögliche Geschwindigkeit der Rotationsachse. Die Verwendung des größeren Geschwindigkeitswertes begrenzt den Wert von $\tau\varphi_{kj}(t_n)$ nach oben, damit sind nur endliche Werte für die Kollisionsgefahr möglich. Insbesondere bei fast gleichen Geschwindigkeiten des Bezugsroboters und des virtuellen Hindernisroboters werden hierdurch numerische Probleme vermieden und eine zusätzliche Sicherheit in der Kollisionsvermeidung erreicht.

Wegen der Rotationssymmetrie wird keine Unterscheidung zwischen negativen und positiven Werten für $\tau\varphi_{kj}(t_n)$ getroffen, denn in der Rotationsachse gibt es keine Drehrichtung, in der prinzipiell keine Kollisionsgefahr besteht.

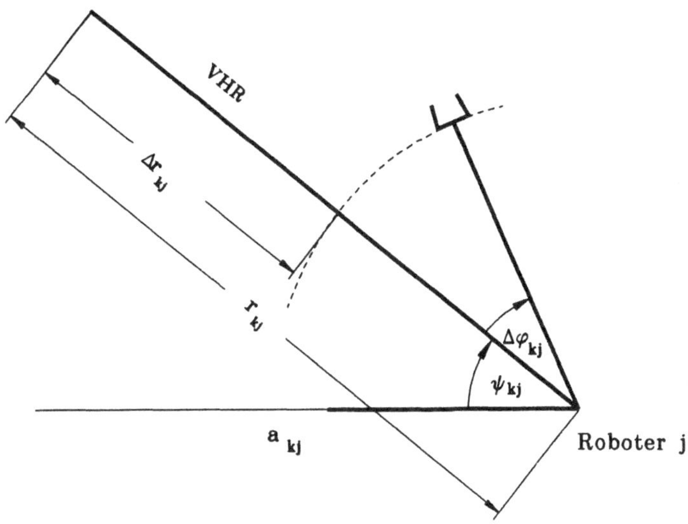

Bild 17: Bestimmung der Kollisionsparameter

3.2.2.2 Berechnung des Parameters für die Translation

Analog zur Rotation ergibt sich der Wert für die Kollisionsgefahr zwischen dem Roboter j und dem virtuellen Hindernisroboter bezüglich des Roboters k für die Translation zu

$$\hat{r}r_{kj}(t_n) = \begin{cases} \left|\dfrac{\Delta r_{kj}(t_n)}{\dot{r}_j^{max}}\right| & \text{falls} \quad \left|\dot{\Delta} r_{kj}(t_n)\right| \leq \dot{r}_j^{max} \\ \\ \left|\dfrac{\Delta r_{kj}(t_n)}{\dot{\Delta} r_{kj}(t_n)}\right| & \text{sonst} \end{cases} \tag{40}$$

Hierbei bezeichnet

$$\Delta r_{kj}(t_n) = r_{kj}(t_n) - r'_{kj}(t_n) \tag{41}$$

die Längendifferenz zwischen der Ausfahrlänge des virtuellen Hindernisroboters $r_{kj}(t_n)$ aus (33) und der des Bezugsroboters $r'_{kj}(t_n)$ aus (6) (Bild 17).

Entsprechend erfolgt die Berechnung der Differenzgeschwindigkeit zwischen der Geschwindigkeit des virtuellen Hindernisroboters und der des Roboters j für die Translation mit

$$\dot{\Delta} r_{kj}(t_n) = \frac{\Delta r_{kj}(t_n) - \Delta r_{kj}(t_{n-1})}{\Delta t} = \dot{r}_{kj}(t_n) - \dot{r}'_{kj}(t_n) \tag{42}$$

Auch hier wird, wie in der Rotation, über die Systemkonstante $\dot{r}_j^{max}$ für die maximale Translationsgeschwindigkeit eine Begrenzung des Wertes $\tau r_{kj}(t_n)$ nach oben erreicht.

Ist der Arm des Bezugsroboters geringer ausgefahren als der des virtuellen Hindernisroboters, besteht also in dieser Achse momentan keine Kollisionsgefahr, so wird dies durch einen negativen Wert für den Parameter $\hat{\tau r}_{kj}(t_n)$ aus (40) berücksichtigt:

$$\tau r_{kj}(t_n) = \begin{cases} \hat{\tau r}_{kj}(t_n) & \text{falls} \quad r_{kj}(t_n) < r'_{kj}(t_n) \\ -\,\hat{\tau r}_{kj}(t_n) & \text{sonst} \end{cases} \tag{43}$$

Mit den in (37) und (43) bestimmten Komponenten ergibt sich der Gefahrenvektor somit zu

$$\underline{\tau}_{kj} = \begin{bmatrix} \tau\varphi_{kj}(t_n) \\ \tau z_{kj}(t_n) \\ \tau r_{kj}(t_n) \end{bmatrix} \tag{44}$$

wobei $\tau z_{kj}(t_n)$ in dieser Arbeit vereinbarungsgemäß zu 0 gesetzt wird, da die vertikale Translationsachse hier nicht in die Strategie einbezogen ist.

3.3 Eine Strategie zur Kollisionsvermeidung zwischen zwei Robotern

Nachdem ein Maß für die Gefahr einer Kollision zwischen dem Arm des Bezugsroboters j und dem virtuellen Hindernisroboter (und damit dem Arm des Roboters k) gefunden wurde, wird daraus nun für den Roboter j eine bezüglich k sichere Trajektorie abgeleitet. Diese verhindert, abhängig von seinem dynamischen Verhalten, einerseits eine Kollision der beiden Arme und läßt ihn andererseits nur dann seine programmierte Bahn verlassen, wenn dies zur Verhinderung einer Kollision notwendig erscheint. Der Roboter kehrt sofort wieder auf die ursprüngliche Bahn zurück, sobald dies ohne Gefahr möglich ist.

Die Idee bei der Konstruktion dieser Trajektorie ist, für jede Achse einen sicheren Grenzwert so zu bestimmen, daß sie allein eine Kollision mit dem virtuellen Hindernisroboter verhindert. Dabei wird die Kollisionsgefahr der anderen Achsen berücksichtigt, um die zum Ausweichen in dieser Achse zur Verfügung stehende Zeit zu kennen. Der Grund für die gegenseitige Kopplung der Achsen ist die Tatsache, daß die Kollisionsgefahr in einer einzigen Achse noch nichts über die tatsächliche Kollisionsgefahr für den gesamten Roboter aussagt. So führt auf der einen Seite eine Ausfahrlänge größer als die des virtuellen Hindernisroboters nur dann zur Kollision, wenn auch die Winkel übereinstimmen, und auf der anderen Seite ist die Übereinstimmung im Winkel nur dann gefährlich, wenn die Ausfahrlänge kritisch ist. Daraus folgt, daß auch die sichere Trajektorie sinnvoll nur unter Berücksichtigung des Verhaltens und der Gefahr aller Achsen bestimmbar ist.

Allerdings wird im folgenden die Translationsachse gegenüber der Rotationsachse bevorzugt zur Vermeidung eingesetzt. Eine Veränderung der Rotation wird also erst dann vorgenommen, wenn die Ausweichbewegung der Translation nicht ausreicht. Der Grund für diese Vorgehensweise liegt ebenfalls in der geometrischen Struktur des zugrundegelegten Robotertyps: Zum einen ist der überwiegende Teil der großräumigen Bewegungen Schwenken, so daß die Fortführung der Arbeitsaufgabe dann am geringsten gestört wird, wenn die Drehung nicht verlangsamt wird. Handelt es sich aber um eine Translationsbewegung, so könnte zwar allein mit der Rotation eine Kollision verhindert werden, der Zielpunkt wäre allerdings auch nicht auf dem direkten Weg erreichbar. Bei einem programmierten Einziehen des Arms dagegen fiele die Strategie sogar mit der vorgegebenen Bewegung zusammen, bei einem Ausfahren kann evtl. schon eine zeitliche Verzögerung ausreichen, so daß keine unnötige Bewegung ausgeführt wird. Zum anderen kann mit dem Einziehen der dritten Achse allein ein großer Teil der Kollisionen verhindert werden, wie in den Simulationen in Abschnitt 3.6 zu sehen ist.

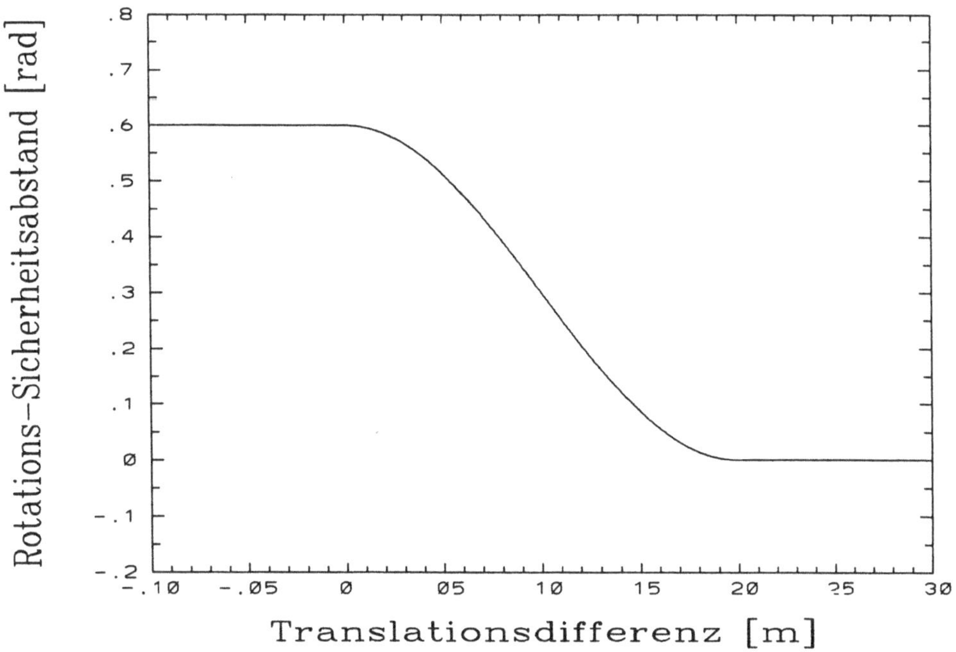

Bild 18: Funktion des Rotations-Sicherheitsabstands

Wie bereits erwähnt, wird die Abstraktion der Robotergeometrie bei den Winkel- und Abstandsberechnungen durch die Einbeziehung von Sicherheitsabständen ausgeglichen. Diese können variabel eingestellt werden, so daß sie nur dann voll zur Geltung kommen, wenn die Arme tatsächlich dicht beieinander sind, bei größerem Abstand jedoch geringer wirken und so eine bessere Beweglichkeit erlauben. Die maximalen Werte δr_j^{max} für die Translation und $\delta \varphi_j^{max}$ für die Rotation müssen die Abmaße der Arme, der Hände und der Werkstücke bzw. Werkzeuge beinhalten. Je weiter die Arme in einer Achse voneinander entfernt sind, desto geringer kann die Sicherheit in der anderen Achse gewählt werden.

Hier wurde eine Funktion verwandt, die für eine Achse dann den maximalen Sicherheitsabstand aufschaltet, wenn sich die andere Achse innerhalb desselben befindet. Ist diese weit genug entfernt, wird der Sicherheitsabstand auf Null gesetzt, dazwischen wird er stetig vermindert. Für die Rotation kann z.B.

$$\delta\varphi_{kj}(t_n) = \begin{cases} 0 & \text{falls} \quad \Delta r_{kj}(t_n) > 2\delta r_j^{max} \\ 3\delta\varphi_j^{max} & \text{falls} \quad \Delta r_{kj}(t_n) < 0 \\ \delta'\varphi_{kj}(t_n) & \text{sonst} \end{cases} \tag{45}$$

angesetzt werden. Der Verlauf ist in Bild 18 dargestellt. Dort, wie auch in Bild 19, sind die in den Simulationen verwandten Werte $\delta\varphi^{max} = 0,2$ rad und $\delta r^{max} = 0,1$ m benutzt worden. Hier ist zu erkennen, daß der Sicherheitsabstand im Winkel zu Null wird, wenn der virtuelle Hindernisroboter mindestens um den doppelten maximalen Sicherheitsabstand in der Translation weiter ausgefahren ist als der Roboter j. Ist seine Ausfahrlänge geringer als die des Roboters j, so wird der dreifache Sicherheitswinkel benutzt. Der Sicherheitsabstand berücksichtigt die Abmessungen beider Arme und zusätzlich einen Freiraum. Zwischen den Extremfällen wird mit der Funktion $\delta' r_{kj}(t_n)$ interpoliert, so daß ein sanfter Übergang erfolgt:

$$\delta'\varphi_{kj}(t_n) = 1.5\delta\varphi_j^{max} + 1.5\delta\varphi_j^{max} \cos\left(\frac{\Delta r_{kj}(t_n)}{\delta r_j^{max}} \frac{\pi}{2}\right) \tag{46}$$

Die Translationssicherheit kann z.B. mit

$$\delta r_{kj}(t_n) = \begin{cases} 0 & \text{falls} \quad \left|\Delta\varphi_{kj}(t_n)\right| > 3\delta\varphi_j^{max} \\ 3\delta r_j^{max} & \text{falls} \quad \left|\Delta\varphi_{kj}(t_n)\right| < \delta\varphi_j^{max} \\ \delta' r_{kj}(t_n) & \text{sonst} \end{cases} \tag{47}$$

berechnet werden, der Verlauf ist in Bild 19 aufgezeichnet. Sie wird zu Null, wenn der Betrag der Winkeldifferenz größer als der dreifache maximale Sicherheitswinkel wird. Ist er kleiner als der maximale Sicherheitswinkel, so wird sie konstant mit dem dreifachen Maximalwert der Sicherheit in der Translation gewählt. Der letztere Wert beinhaltet wie bei der Rotation die Abmessungen der beiden Arme und einen zusätzlichen Freiraum. Dazwischen wird analog zu (46) mit der Funktion $\delta'\varphi_{kj}(t_n)$ interpoliert:

$$\delta' r_{kj}(t_n) = 1.5\delta r_j^{max} + 1.5\delta r_j^{max} \cos\left[\left(\frac{\left|\Delta\varphi_{kj}(t_n)\right|}{\delta\varphi_j^{max}} - 1\right)\frac{\pi}{2}\right] \tag{48}$$

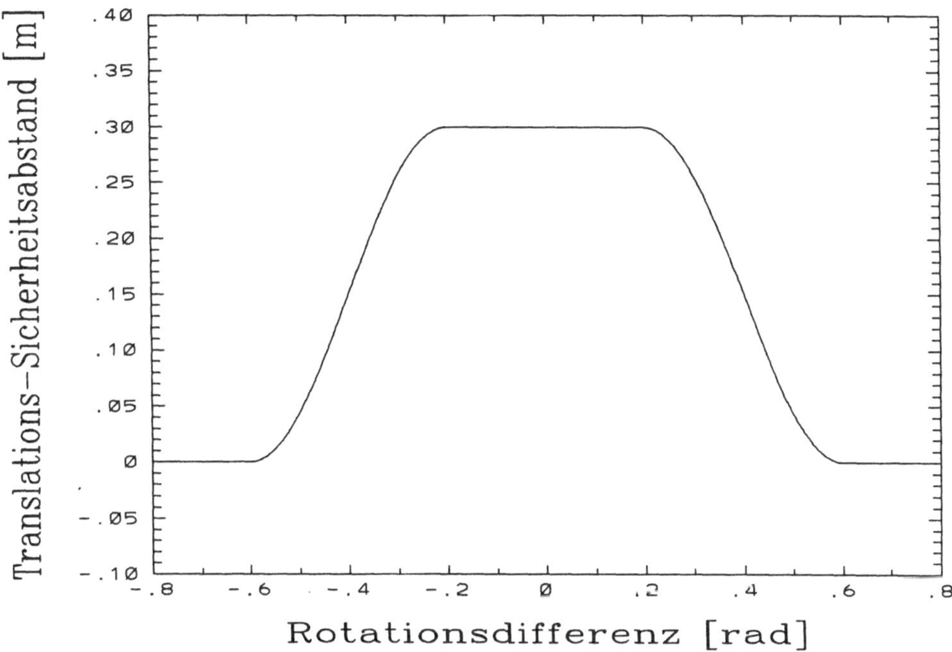

Bild 19: Funktion des Translations-Sicherheitsabstands

Selbstverständlich sind auch andere Funktionen für die Sicherheitsabstände einsetzbar, z.B. kann aufgabenspezifisch eine Verringerung oder Ausweitung erfolgen.

3.3.1 Strategie für die Rotation

Um nun in der Rotation einen Winkelwert zu bestimmen, der diese Achse unter Berücksichtigung ihrer Dynamik und des Gefahrenwertes $\tau\varphi_{kj}(t_n)$ stets so fahren läßt, daß es zu keiner Kollision kommt, werden drei verschiedene Kennwerte bestimmt. Als erster wird ein Winkel bestimmt, der unabhängig von der Translationsgefahr sicherstellt, daß der Winkel des Roboters j nicht mit dem Winkel des virtuellen Hindernisroboters in Übereinstimmung kommt. Für den zweiten wird die Winkeldifferenz zwischen dem Roboter j und dem virtuellen Hindernisroboter so interpoliert, daß der Roboter j die Winkelstellung des virtuellen Hindernisroboters erst in der Zeit $\tau r_{kj}(t_n)$ einnimmt, d.h. erst dann, wenn der Roboter j auch die Ausfahrlänge der dritten Achse des virtuellen Hindernisroboters erreicht haben wird. Als dritter Kennwert wird ein Winkelwert bestimmt, der dafür Sorge trägt, daß der Roboter j den Sicherheitsabstand vom virtuellen Hindernisroboter einhält.

Der erste Fall ist der Normalfall, der Winkel $\varphi^n_{kj}(t_n)$ ist ein sicherer Winkel, mit dem allein eine Kollisionsvermeidung durchführbar ist, auch wenn die Translationsachse keine

Ausweichbewegung macht:

$$\begin{aligned}\varphi^{n}_{kj}(t_n) &= \varphi_{kj} + \psi_{kj}(t_n) \\ &+ \dot{\psi}_{kj}(t_n)\tau\varphi_{kj}(t_n) \\ &+ \frac{\gamma_{kj}(t_n)\left|\dot{\varphi}^2_j(t_n) - \mathrm{sign}[\dot{\varphi}_j(t_n)]\mathrm{sign}[\dot{\psi}_{kj}(t_n)]\dot{\psi}^2_{kj}(t_n)\right|}{2\ddot{\varphi}^{nom}_j} \\ &+ \gamma_{kj}(t_n)\delta\varphi_{kj}(t_n)\end{aligned} \tag{49}$$

mit dem Vorzeichen $\gamma_{kj}(t_n)$ für die Winkeldifferenz in (49)

$$\gamma_{kj}(t_n) = \mathrm{sign}[\Delta\varphi_{kj}(t_n)] \tag{50}$$

wobei die Signum-Funktion $\mathrm{sign}(x)$ wie folgt definiert ist:

$$\mathrm{sign}(x) = \begin{cases} -1 & \text{falls} \quad x < 0 \\ +1 & \text{sonst} \end{cases} \tag{51}$$

In der Gleichung (49) wird mit $\varphi_{kj} + \psi_{kj}(t_n)$ der augenblickliche Winkel des virtuellen Hindernisroboters bezüglich des Roboter-Koordinatensystems beschrieben ($\psi_{kj}(t_n)$ aus (28) ist auf a_{kj} bezogen). $\dot{\psi}_{kj}(t_n)\tau\varphi_{kj}(t_n)$ beschreibt den Winkel, den der virtuelle Hindernisroboter bis zur vorausgesagten Übereinstimmung mit dem Winkel des Roboters j durchfahren wird. Der dritte Term in (49) gibt den Winkel an, der vom Roboter j zu fahren ist, bis er, selbst wenn nur die nominelle Winkelbeschleunigung $\ddot{\varphi}^{nom}_j$ möglich ist, die Winkelgeschwindigkeit des virtuellen Hindernisroboters erreicht haben wird. Hierbei wird die Relativgeschwindigkeit der beiden berücksichtigt, d.h. auch ein evtl. notwendiges Bremsen und Beschleunigen in Gegenrichtung. Mit dem Faktor $\gamma_{kj}(t_n)$ wird gesteuert, ob dieser Winkel, entsprechend der relativen Lage des Roboters j und des Hindernisroboters zueinander, addiert oder subtrahiert wird. Schließlich wird in gleicher Weise der Sicherheitsabstand $\gamma_{kj}(t_n)\delta\varphi_{kj}(t_n)$ hinzugerechnet. Insgesamt beschreibt der normale Ausweichwinkel $\varphi^{n}_{kj}(t_n)$ denjenigen Winkel, den der Roboter j einnehmen kann, um bei nomineller Beschleunigung nach der Zeit $\tau\varphi_{kj}(t_n)$ den Winkel des virtuellen Hindernisroboters ebenfalls nach dieser Zeit mit dem Sicherheitsabstand erreichen zu können. Der Roboter j fährt dann mit der Geschwindigkeit des virtuellen Hindernisroboters, kann also die Ausweichbewegung mit dem Sicherheitsabstand fortsetzen.

Der zweite Kennwert interpoliert den Winkel zwischen der augenblicklichen Stellung und der Stellung des virtuellen Hindernisroboters, um der Translationsachse Zeit zu geben, bis zur Übereinstimmung im Winkel auf einen sicheren Wert zurückzufahren. Entsprechend dem Ansatz

$$\varphi^{i}_{kj}(t_n) = \varphi'_{kj}(t_n) - \frac{[\Delta\varphi_{kj}(t_n) - \gamma_{kj}(t_n)\delta\varphi_{kj}(t_n)]\Delta t}{\left|\tau r_{kj}(t_n)\right|} \tag{52}$$

wird hier die Winkeldifferenz $\Delta\varphi_{kj}(t_n)$ einschließlich des Sicherheitsabstands $\delta\varphi_{kj}(t_n)$ in genau soviele äquidistante Teilwinkel zerlegt, daß bei Durchfahren eines Teilwinkels pro Sollwert-Takt die Differenz erst nach der Zeit $\tau r_{kj}(t_n)$ zu Null wird, d.h. wenn die dritte Achse mit der des virtuellen Hindernisroboters übereinstimmt.

Mit dem dritten Kennwert wird der Bezugsroboter aus Vorsichtsgründen auf Sicherheitsabstand vom virtuellen Hindernisroboter gehalten. Die Sollwerte werden so bestimmt, daß er nicht in den durch den Wert $\delta\varphi_{kj}(t_n)$ geschützten Bereich hineinfährt. Hierzu wird auf die Position des virtuellen Hindernisroboters der Sicherheitswinkel und der im nächsten Sollwert-Takt durchfahrene Winkel addiert. Dieser Wert wird im folgenden auch als 'vorsichtiger' Wert bezeichnet:

$$\varphi^{v}_{kj}(t_n) = \varphi_{kj} + \psi_{kj}(t_n) + \dot{\psi}_{kj}(t_n)\Delta t + \gamma_{kj}(t_n)\delta\varphi_{kj}(t_n) \tag{53}$$

Von diesen drei Winkelwerten wird nun derjenige als möglicher Kandidat für die Kollisionsvermeidung gewählt, der in Abstimmung mit der Translationsachse ein Ausweichen ermöglicht, die Weiterführung der Arbeitsaufgabe aber am geringsten beeinflußt. Zunächst werden der interpolierende und der normale Vermeidungswinkel betrachtet:

$$\tilde{\varphi}'_{kj}(t_n) = \begin{cases} \varphi^{n}_{kj}(t_n) & \text{falls} \quad \tau\varphi_{kj}(t_n) < \left|\tau r_{kj}(t_n)\right| \\ & \qquad\qquad \vee \quad 0 < \tau r_{kj}(t_n) \\ \varphi^{i}_{kj}(t_n) & \text{sonst} \end{cases} \tag{54}$$

Der Normalfall aus (49) kommt dann zum Tragen, wenn die Kollisionsgefahr in der Rotation größer ist als die in der Translation, d.h. wenn der Parameter $\tau\varphi_{kj}(t_n)$ kleiner ist als der Betrag des Parameters $\tau r_{kj}(t_n)$, oder wenn zur Zeit in der Translation eine potentielle Gefahr besteht, weil die dritte Achse des Roboters j weiter ausgefahren ist als die entsprechende Achse des virtuellen Hindernisroboters, d.h. wenn $\tau r_{kj}(t_n)$ positiv ist. In beiden Fällen besteht die Möglichkeit einer Berührung. Andernfalls kann die Drehachse sich zumindest im nächsten Zeitintervall noch frei bewegen und der Winkel wird zunächst nach (52) interpoliert.

Für die Entscheidung, ob der in (53) bestimmte 'vorsichtige' Wert $\varphi^{v}_{kj}(t_n)$, der lokale Sollwert $\varphi'^{s}_{kj}(t_n)$ aus (12) oder der in (54) bestimmte Wert $\tilde{\varphi}'_{kj}(t_n)$ für die weiteren Berechnungen verwendet wird, werden zunächst zwei Hilfswerte bestimmt. Die Winkeldifferenz zwischen dem virtuellem Hindernisroboter und dem lokal gültigen Sollwert aus (12) ergibt sich zu

$$\theta\varphi'^{s}_{kj}(t_n) = \varphi_{kj}(t_n) + \psi_{kj}(t_n) - \varphi'^{s}_{kj}(t_n) \tag{55}$$

und die Winkeldifferenz zwischen dem virtuellem Hindernisroboter und dem modifizierten Sollwert aus (54) zu

$$\theta\tilde{\varphi}'_{kj}(t_n) = \varphi_{kj}(t_n) + \psi_{kj}(t_n) - \tilde{\varphi}'_{kj}(t_n) \tag{56}$$

Damit folgt

$$\tilde{\varphi}_{kj}(t_n) = \begin{cases} \varphi^{v}_{kj}(t_n) & \text{falls} \quad \left|\Delta\varphi_{kj}(t_n)\right| < \delta\varphi_{kj}(t_n) \\ & \qquad \wedge \quad \Delta r_{kj}(t_n) < \delta r_{kj}(t_n) \\ \varphi'^{s}_{kj}(t_n) & \text{sonst, falls} \quad \operatorname{sign}[\theta\varphi'^{s}_{kj}(t_n)] \neq \gamma_{kj}(t_n) \\ & \qquad \wedge \left[\begin{array}{l} \operatorname{sign}[\theta\tilde{\varphi}'_{kj}(t_n)] = \gamma_{kj}(t_n) \\ \vee \left|\theta\tilde{\varphi}'_{kj}(t_n)\right| < \left|\theta\varphi'^{s}_{kj}(t_n)\right| \end{array} \right] \\ \tilde{\varphi}'_{kj}(t_n) & \text{sonst} \end{cases} \tag{57}$$

Der 'vorsichtige' Wert $\varphi^{v}_{kj}(t_n)$ wird dann in die weiteren Berechnungen einbezogen, wenn beide Achsen weniger als den Sicherheitsabstand zum virtuellen Hindernisroboter haben. Ist dies nicht der Fall, und führt gleichzeitig der Sollwert $\varphi'^{s}_{kj}(t_n)$ zu einer geringeren Annäherung an den virtuellen Hindernisroboter als der neu berechnete Winkel $\tilde{\varphi}'_{kj}(t_n)$ aus (54), so wird nicht unnötig in Richtung auf die Gefahr hin gedreht, sondern der originale Sollwert benutzt. Dies gilt dann, wenn letzterer in der gleichen Winkelrichtung zum virtuellen Hindernisroboter liegt wie der Roboter j $\langle \operatorname{sign}[\theta\varphi'^{s}_{kj}(t_n)] \neq \gamma_{kj}(t_n)\rangle$ und wenn zur gleichen Zeit der neue Sollwinkel $\tilde{\varphi}'_{kj}(t_n)$ aus (54) in der entgegengesetzten Winkelrichtung zum virtuellen Hindernisroboter liegt $\langle \operatorname{sign}[\theta\tilde{\varphi}'_{kj}(t_n)] = \gamma_{kj}(t_n)\rangle$ oder wenn die Winkeldifferenz vom virtuellen Hindernisroboter zum ursprünglichen Sollwert dem Betrag nach größer ist als die zum neu berechneten Sollwert $\langle \left|\theta\varphi'^{s}_{kj}(t_n)\right| > \left|\theta\tilde{\varphi}'_{kj}(t_n)\right|\rangle$. Trifft keine der obigen Annahmen zu, wird der in (54) bestimmte Winkel zum potentiellen Sollwert.

Da der Drehbereich der Roboter auf $[-\pi, +\pi]$ begrenzt ist, werden Werte von $\tilde{\varphi}_{kj}(t_n)$ aus (57), die außerhalb dieses Intervalls liegen, auf den entsprechenden Grenzwert abgebildet:

$$\tilde{\varphi}_{kj}(t_n) = \begin{cases} -\pi & \text{falls} \quad \tilde{\varphi}_{kj}(t_n) < -\pi \\ +\pi & \text{falls} \quad \tilde{\varphi}_{kj}(t_n) > +\pi \\ \tilde{\varphi}_{kj}(t_n) & \text{sonst} \end{cases} \tag{58}$$

Wurde in (7) nicht der Handpunkt, sondern der entgegengesetzte Endpunkt der dritten Achse des Roboters j ausgewählt, so verläßt der Roboter mit der ersten Achse ebenfalls das zulässige Intervall $[-\pi, +\pi]$, wenn der Endpunkt-Winkel aus (58) das Vorzeichen wechselt:

$$\tilde{\varphi}_{kj}(t_n) = \begin{cases} \mathrm{sign}[\varphi'_{kj}(t_n)]\pi & \text{falls} \quad \mathrm{sign}[\tilde{\varphi}_{kj}(t_n)] \neq \mathrm{sign}[\varphi'_{kj}(t_n)] \\ & \qquad \wedge \quad \varphi_j(t_n) \neq \varphi'_{kj}(t_n) \\ \mathcal{N}[\tilde{\varphi}_{kj}(t_n) + \pi] & \text{sonst, falls} \quad \varphi_j(t_n) \neq \varphi'_{kj}(t_n) \\ \tilde{\varphi}_{kj}(t_n) & \text{sonst} \end{cases} \tag{59}$$

In diesem Fall wird ebenfalls auf den erlaubten Winkelbereich eingeschränkt. Die zweite Fallunterscheidung in (59) rechnet den in (7) veränderten Winkel wieder auf den Handpunkt um. Wurde der Handpunkt für die Kollisionsbetrachtung verwendet, findet keine Umrechnung statt.

3.3.2 Strategie für die Translation

Auch bei der Bestimmung eines Translationswertes, der Kollisionen zu verhindern hilft, werden zunächst drei mögliche Werte berechnet und dann entschieden, welcher in der gegebenen Situation der günstigste ist. Der erste Wert läßt die Translationsachse in Abhängigkeit von der Gefahr in der Rotation so weit einziehen, daß ein sicheres Schwenken möglich ist. Der zweite Wert orientiert sich direkt am virtuellen Hindernisroboter und koppelt die Ausfahrlänge des Roboters j an dessen Ausfahrlänge. Der dritte Wert schließlich begrenzt die dritte Achse des Bezugsroboters so, daß sie nicht in den Bereich der ersten Achse des Roboters k geraten kann (Sicherheitsabstand).

Der erste Fall ist der Normalfall. Er betrachtet die Geschwindigkeit sowohl des Roboters j als auch des virtuellen Hindernisroboters und errechnet analog zu (49) einen Achswert, der es gestattet, selbst bei nur nomineller Beschleunigung bis zur Übereinstimmung in der Rotationsachse die Translationsachse so weit einzuziehen, daß keine Kollision eintritt. Die Translationsachse ist dann geringer ausgefahren als die des virtuellen Hindernisroboters. Als Hilfswert wird zunächst die Zeit bestimmt, die der Roboter benötigt, um die maximale Einzugsgeschwindigkeit zu erreichen, wenn er sofort mit dem nominellen Wert in Einzugsrichtung beschleunigt:

$$t^b_{kj}(t_n) = \frac{\dot{r}^{max}_j + \dot{r}'_{kj}(t_n)}{\ddot{r}^{nom}_j} \tag{60}$$

Aus dieser Beschleunigungszeit $t^b_{kj}(t_n)$ wird sodann diejenige Zeit hergeleitet, die dem Roboter verbleibt, um bis zur Übereinstimmung im Winkel mit maximaler Einzugsgeschwindigkeit in der dritten Achse zu fahren:

$$t^m_{kj}(t_n) = \begin{cases} 0 & \text{falls} \quad \tau\varphi_{kj}(t_n) < t^b_{kj}(t_n) \\ \tau\varphi_{kj}(t_n) - t^b_{kj}(t_n) & \text{sonst} \end{cases} \tag{61}$$

Damit ergibt sich die zulässige Ausfahrweite der dritten Achse des Roboters j, die ein Einziehen auf die Stellung der dritten Achse des virtuellen Hindernisroboters bis zur Übereinstimmung im Winkel erlaubt, zu

$$\begin{aligned} r^n_{kj}(t_n) &= r_{kj}(t_n) + \tau\varphi_{kj}(t_n)\dot{r}_{kj}(t_n) \\ &\quad - \dot{r}'_{kj}(t_n)[\tau\varphi_{kj}(t_n) - t^m_{kj}(t_n)] \\ &\quad + \ddot{r}^{nom}_j \frac{[\tau\varphi_{kj}(t_n) - t^m_{kj}(t_n)]^2}{2} \\ &\quad + \dot{r}^{max}_j t^m_{kj}(t_n) \\ &\quad + \dot{r}_{kj}(t_n)\Delta t \\ &\quad - \delta r_{kj}(t_n) \end{aligned} \tag{62}$$

Der Term $r_{kj}(t_n) + \tau\varphi_{kj}(t_n)\dot{r}_{kj}(t_n)$ in (62) beschreibt die Ausfahrlänge des virtuellen Hindernisroboters zum Zeitpunkt der Übereinstimmung der Rotationsachsen. Der Term $\dot{r}'_{kj}(t_n)[\tau\varphi_{kj}(t_n) - t^m_{kj}(t_n)]$ berechnet den aufgrund der momentanen Geschwindigkeit vom Bezugsroboter zurückgelegten Weg in der Translation bis zu diesem Zeitpunkt. Weiterhin bestimmt der Term $\ddot{r}^{nom}_j[\tau\varphi_{kj}(t_n) - t^m_{kj}(t_n)]^2/2$ den Weg, der während der Fahrt mit nomineller Beschleunigung in Einzugsrichtung durchfahren wird und der Term $\dot{r}^{max}_j t^m_{kj}(t_n)$ den Weg, den die dritte Achse noch mit maximaler Geschwindigkeit einziehen kann, falls diese erreicht wird. Mit $\dot{r}_{kj}(t_n)\Delta t$ wird der Translationsweg des virtuellen Hindernisroboters während des laufenden Zeittakts berücksichtigt. Der variable Sicherheitsabstand $\delta r_{kj}(t_n)$ aus (47) schließlich läßt die Berücksichtung der Armgeometrie und des Werkstücks bzw. Werkzeugs zu.

Der zweite Fall schränkt die Ausfahrweite der dritten Achse auf den Wert ein, den der virtuelle Hindernisroboter zum Zeitpunkt der Übereinstimmung der Drehachsen haben wird:

$$r^v_{kj}(t_n) = r_{kj}(t_n) + \tau\varphi_{kj}(t_n)\dot{r}_{kj}(t_n) + \dot{r}_{kj}(t_n)\Delta t - \delta r_{kj}(t_n) \tag{63}$$

Im Gegensatz zu (62) wird hier also 'vorsichtig' verfahren, eine Bewegung über die Position des virtuellen Hindernisroboters hinaus ist nicht erlaubt. Der Sicherheitsabstand geht wie oben zusätzlich in die Berechnung ein.

Der dritte und letzte Fall stellt in der Umgebung der Verbindungsstrecke a_{kj} der beiden Roboter einen beschränkten Wert zur Verfügung, der eine Annäherung an die erste Achse des Roboters k verhindert:

$$r^b_{kj}(t_n) = a_{kj} - \delta r_{kj}(t_n) \tag{64}$$

Nun wird aus den drei oben bestimmten Translationswerten ein möglicher Kandidat ausgewählt, der unter Einbeziehung des Verhaltens der Rotationsachse es sowohl gestattet,

Kollisionen rechtzeitig auszuweichen als auch der originalen Sollbahn solange wie möglich zu folgen:

$$\tilde{r}_{kj}(t_n) = \begin{cases} r^b_{kj}(t_n) & \text{falls} \quad r^b_{kj}(t_n) < r^v_{kj}(t_n) \\ & \quad\wedge\quad r^b_{kj}(t_n) < r^n_{kj}(t_n) \\ & \quad\wedge\quad \left|\phi_{kj}(t_n)\right| < \delta\varphi_{kj}(t_n) \\ r^v_{kj}(t_n) & \text{sonst, falls} \quad r^v_{kj}(t_n) < r^n_{kj}(t_n) \\ & \quad\wedge\quad \tau\varphi_{kj}(t_n) < \tau\varphi_{kj}(t_{n-1}) \\ r^n_{kj}(t_n) & \text{sonst} \end{cases} \tag{65}$$

Der beschränkte Translationswert $r^b_{kj}(t_n)$ aus (64) wird dann benutzt, wenn er sowohl kleiner ist als der berechnete 'vorsichtige' Wert $r^v_{kj}(t_n)$ aus (63) als auch kleiner als der normale Wert $r^n_{kj}(t_n)$ aus (62) und die Winkeldifferenz zwischen dem Arm und der Verbindungsstrecke a_{kj} dem Betrag nach kleiner ist als der augenblicklich gültige Sicherheitswinkel, d.h. wenn $\left|\phi_{kj}(t_n)\right| < \delta\varphi_{kj}(t_n)$ gilt. In der Umgebung der ersten Achse des Roboters k wird also stets der weiteste Abstand von dieser gewählt. Wenn dies nicht zutrifft, aber der berechnete 'vorsichtige' Wert für die Translation $r^v_{kj}(t_n)$ kleiner ist als der normale Wert zur Kollisionsvermeidung, $r^n_{kj}(t_n)$, und gleichzeitig die Gefahr in der Rotation zunimmt, d.h. der Parameter $\tau\varphi_{kj}(t_n)$ ist kleiner als im vorangegangenen Intervall t_{n-1}, so wird der 'vorsichtige' Wert verwendet. Andernfalls benutzt die Kollisionsvermeidung den normal berechneten Wert als potentiellen Sollwert.

Wie in (59) bereits für die Rotation geschehen, muß auch für die Translation der in (65) berechnete Wert $\tilde{r}_{kj}(t_n)$ auf den Handpunkt zurückgerechnet werden, wenn in (6) nicht dieser, sondern der entgegengesetzte Endpunkt der dritten Achse des Roboters j ausgewählt wurde:

$$\tilde{r}_{kj}(t_n) = \begin{cases} r^l_j(t_n) - \tilde{r}_{kj}(t_n) & \text{falls} \quad \varphi_j(t_n) \neq \varphi'_{kj}(t_n) \\ \tilde{r}_{kj}(t_n) & \text{sonst} \end{cases} \tag{66}$$

Ist der in (65) berechnete und in (66) auf den Handpunkt abgebildete Wert kleiner oder größer als die zulässige Ausfahrweite der dritten Achse, so wird er auf den jeweiligen Grenzwert abgebildet:

$$\tilde{r}_{kj}(t_n) = \begin{cases} r^{min}_j & \text{falls} \quad \tilde{r}_{kj}(t_n) < r^{min}_j \\ r^{max}_j & \text{falls} \quad \tilde{r}_{kj}(t_n) > r^{max}_j \\ \tilde{r}_{kj}(t_n) & \text{sonst} \end{cases} \tag{67}$$

3.3.3 Bestimmung des neuen Sollwert-Vektors

Für den Roboter j wird nun ein auf den Roboter k bezogener neuer Sollwertvektor $\underline{w}_{kj}^{s}(t_n)$ bestimmt, der an die Stelle des von der Steuerung vorgegebenen Sollwertvektors $\underline{w}_{j}^{s}(t_n)$ aus (2) tritt, wenn Kollisionsgefahr besteht und der Roboter j ausweichpflichtig ist (Bild 4). Hier wird zunächst nur entschieden, ob in einer der Achsen der ursprüngliche Sollwert oder ein modifizierter aufgeschaltet werden muß. Dabei wird, wie oben bereits erwähnt, die Translationsachse bevorzugt zum Ausweichen benutzt und die Rotationsbewegung nur dann geändert, wenn ansonsten eine Kollision nicht verhindert werden kann.

Ob die dritte Achse weiterhin auf ihrer augenblicklichen Bahn bleiben darf oder ob eine Ausweichbewegung notwendig ist, kann anhand des in (67) errechneten potentiellen Vermeidungswertes leicht bestimmt werden. Da diese Achse nur durch Einziehen eine Kollision verhindern kann, befindet sich der nach (6) betrachtete lokale Istwert der Achse $r'_{kj}(t_n)$ genau dann im sicheren Bereich, wenn der zur Kollisionsvermeidung zulässige und auf den lokalen Istwert bezogene Wert $\tilde{r}_{kj}(t_n)$ größer oder gleich ist. In diesem Fall ist die Achse höchstens so weit ausgefahren, wie es zur Kollisionsvermeidung erforderlich ist. Da beide Endpunkte der Schubachse in Betracht gezogen werden, der globale Sollwert $r_j^s(t_n)$ sich jedoch stets auf den Handpunkt bezieht, ist eine Unterscheidung notwendig. In (66) wurde der neue Sollwert aus (65) bereits auf den Handpunkt umgerechnet. Wurde in (6) als lokaler Istwert der gegenüberliegende Endpunkt der Achse gewählt, so befindet sich der Istwert des Handpunkts daher dann im sicheren Bereich, wenn er größer oder gleich dem Wert $\tilde{r}_{kj}(t_n)$ ist. In diesem Fall bedeutet also eine Ausweichbewegung ein Ausfahren des Armes am Handpunkt. Somit wird als modifizierter Sollwert $\hat{r}_{kj}(t_n)$ dann der originale Sollwert $r_j^s(t_n)$ benutzt, wenn dieser sich im oben beschriebenen sicheren Bereich befindet, und ansonsten der neu berechnete Wert $\tilde{r}_{kj}(t_n)$:

$$\hat{r}_{kj}(t_n) = \begin{cases} r_j^s(t_n) & \text{falls} \quad \sigma_{kj}(t_n)\text{sign}[r_j^s(t_n) - \tilde{r}_{kj}(t_n)] \leq 0 \\ \tilde{r}_{kj}(t_n) & \text{sonst} \end{cases} \tag{68}$$

Das Vorzeichen $\sigma_{kj}(t_n)$ der relativen Translationsrichtung wird in Abhängigkeit vom betrachteten Endpunkt der dritten Achse bestimmt:

$$\sigma_{kj}(t_n) = \begin{cases} -1 & \text{falls} \quad \varphi_j(t_n) \neq \varphi'_{kj}(t_n) \\ +1 & \text{sonst} \end{cases} \tag{69}$$

Die Rotation wird unterstützend zur Translation dann verändert, wenn die Ausweichbewegung der Translation, z.B. durch unzureichende Dynamik, nicht hinreichend ist, um eine Kollision zu verhindern, auf jeden Fall jedoch, wenn beide Sicherheitsabstände unterschritten werden, d.h. wenn sowohl $|\Delta\varphi_{kj}(t_n)| < \delta\varphi_{kj}(t_n)$ als auch $\Delta r_{kj}(t_n) < \delta r_{kj}(t_n)$ gelten.

Zur Entscheidung, ob die Ausweichbewegung der dritten Achse zur Kollisionsvermeidung nicht ausreichend ist, werden vier Kriterien herangezogen. Erstens muß festgestellt werden, daß die Translation voraussichtlich nicht in der Lage ist, bis zur Übereinstimmung der Winkel in den sicheren Bereich zurückzuziehen, daß also bei einer gegebenen Relativgeschwindigkeit $\dot{\Delta} r_{kj}(t_n)$ die Differenzlänge $\Delta r_{kj}(t_n)$ größer wird als der Sicherheitsabstand $\delta r_{kj}(t_n)$ d.h. es gilt $\Delta r_{kj}(t_n) + \dot{\Delta} r_{kj}(t_n)\tau\varphi_{kj}(t_n) \leq \delta r_{kj}(t_n)$. Zweitens darf die Gefahr in der Rotation nicht abnehmen, der Parameter für die Winkelgefahr muß also kleiner werden oder zumindest gleich bleiben, d.h. es muß $\tau\varphi_{kj}(t_{n-1}) \geq \tau\varphi_{kj}(t_n)$ gelten. Diese beiden Bedingungen sind allerdings nur dann von Interesse, wenn festgestellt wird, daß überhaupt eine Aufforderung zum Ausweichen in der dritten Achse stattfindet, die aber möglicherweise von der Kinematik nicht nachvollzogen werden kann. Es muß deshalb drittens in der Translation schon eine Veränderung des Sollwertes in den sicheren Bereich erfolgt sein, d.h. es muß unter Berücksichtigung des betrachteten Endpunkts dieser Achse die Beziehung $\sigma_{kj}(t_n)[r_j^s(t_n) - \tilde{r}_{kj}(t_n)] > 0$ gelten. Und schließlich muß sich als viertes Kriterium die Veränderung noch verstärken, d.h. die modifizierten Sollwerte bezüglich des Roboters k müssen weiter in den sicheren Bereich hineinlaufen, es gilt also $\sigma_{kj}(t_n)[\hat{r}_{kj}(t_{n-1}) - \tilde{r}_{kj}(t_n)] > 0$:

$$\hat{\varphi}_{kj}(t_n) = \begin{cases} \tilde{\varphi}_{kj}(t_n) \quad \text{falls} & \left[\begin{array}{l} \Delta r_{kj}(t_n) + \dot{\Delta} r_{kj}(t_n)\tau\varphi_{kj}(t_n) \leq \delta r_{kj}(t_n) \\ \wedge \quad \tau\varphi_{kj}(t_{n-1}) \geq \tau\varphi_{kj}(t_n) \\ \wedge \quad \sigma_{kj}(t_n)[r_j^s(t_n) - \hat{r}_{kj}(t_n)] > 0 \\ \wedge \ \sigma_{kj}(t_n)[\hat{r}_{kj}(t_{n-1}) - \hat{r}_{kj}(t_n)] > 0 \end{array}\right] \\ & \vee \left[\begin{array}{l} \left|\Delta\varphi_{kj}(t_n)\right| < \delta\varphi_{kj}(t_n) \\ \wedge \quad \Delta r_{kj}(t_n) < \delta r_{kj}(t_n) \end{array}\right] \\ \varphi_j^s(t_n) \quad \text{sonst} & \end{cases} \tag{70}$$

Um zu verhindern, daß es durch die Verkopplung der Strategien von Rotation und Translation zu einer gegenseitigen Blockade der Achsen in dem Sinne kommt, daß beide zwar in einer ausreichenden Entfernung vom anderen Roboter bleiben, aber durch die Erreichung eines lokalen Minimums der Kollisionsgefahr nicht weiter in Richtung auf ihre eigentlichen Zielpunkte fahren, wird bei zunehmender Differenz zwischen dem Soll- und dem Istwert der Rotation die Translationsachse zwangsweise in den sicheren Bereich gezogen. Damit besteht dann für die Drehachse die Möglichkeit, sich wieder in die ursprüngliche Richtung zu bewegen. Es wird daher ein neuer Ersatzwert $\tilde{r}_{kj}^e(t_n)$ der dritten Achse bestimmt, der sich an ihrem Istwert orientiert und sie vom Roboter k wegbewegt:

$$\tilde{r}_{kj}^e(t_n) = r_j(t_n) - s_j\sigma_{kj}(t_n)\dot{r}_j^{max}\Delta t \tag{71}$$

Die Vorgabe für die Bewegungskorrektur basiert auf dem Weg $\dot{r}_j^{max}\Delta t$, den die Achse in einem Zeitintervall Δt maximal zurücklegen kann, und gewichtet ihn mit einem frei wählbaren Parameter s_j, über den sich das Beschleunigungsverhalten einstellen läßt. Der

Translationswert $\hat{r}_{kj}(t_n)$ ergibt sich also schließlich aus (68) bzw. (71) zu

$$\hat{r}_{kj}(t_n) = \begin{cases} \tilde{r}^e_{kj}(t_n) & \text{falls} \quad \sigma_{kj}(t_n)[\hat{r}_{kj}(t_n) - \tilde{r}^e_{kj}(t_n)] > 0 \\ & \wedge \left|\varphi_j(t_{n-1}) - \varphi^s_j(t_{n-1})\right| < \left|\varphi_j(t_n) - \varphi^s_j(t_n)\right| \\ & \wedge \quad \hat{\varphi}_{kj}(t_n) \neq \varphi^s_j(t_n) \\ \hat{r}_{kj}(t_n) & \text{sonst} \end{cases} \tag{72}$$

Somit wird statt des Wertes $\hat{r}_{kj}(t_n)$ aus (68) der Ersatzwert $\tilde{r}^e_{kj}(t_n)$ aus (71) benutzt, wenn dieser weiter im sicheren Bereich liegt als der zuerst berechnete Wert zur Kollisionsvermeidung, gleichzeitig der Betrag der Differenz zwischen dem Istwert und dem Sollwert der Rotation, $\left|\varphi_j(t_n) - \varphi^s_j(t_n)\right|$, sich über die Zeit vergrößert, und wenn für die Rotationsachse überhaupt Kollisionsvermeidung betrieben wird, d.h. in (70) schon statt des Sollwertes $\varphi^s_j(t_n)$ der Vermeidungswert $\hat{\varphi}_{kj}(t_n)$ ausgewählt wurde.

Mit den so abgeleiteten neuen Sollwerten für die erste und die dritte Achse ergibt sich der modifizierte Sollwertvektor $\underline{w}^s_{kj}(t_n)$ des Roboters j bezüglich des Roboters k zu

$$\underline{w}^s_{kj}(t_n) = \begin{bmatrix} \hat{\varphi}_{kj}(t_n) \\ z^s_j(t_n) \\ \hat{r}_{kj}(t_n) \end{bmatrix} \tag{73}$$

Die Komponenten von $\underline{w}^s_{kj}(t_n)$ liefern über die Zeit eine neue, kollisionsfreie Trajektorie für den Roboter j gegenüber dem Roboter k, die sofort wieder auf die von der Bahnplanung generierte Trajektorie zurückführt, wenn dies ohne Gefahr möglich ist. Dabei ist die Abweichung stets nur so groß, wie es unbedingt nötig ist. Allerdings kann aufgrund der lediglich lokalen Vermeidungsstrategie eine aus globaler Sicht suboptimale Bahn erzeugt werden. Das ist z.B. dann der Fall, wenn eine zunächst mehr als notwendig veränderte Bahn spätere Ausweichmanöver überflüssig machen könnte. Eine solche Prädiktion ist in der Regel jedoch rechenaufwendig und daher nicht online-fähig.

Der bis hier vorgestellte Algorithmus bezog sich auf jeweils einen Roboter bzw. ein Peripheriegerät aus der Umgebung des Roboters j. Da das betrachtete Subsystem von Geräten, die mit dem Roboter j kollidieren können, aus insgesamt r Elementen besteht, muß für jedes $k \in \{1, \ldots, r\}$ ein modifizierter Sollwertvektor $\underline{w}^s_{kj}(t_n)$ berechnet werden. Wie aus diesen k Vektoren der einzuregelnde Sollwertvektor $\underline{w}'^s_j(t_n)$ abgeleitet wird, beschreibt der folgende Abschnitt.

3.4 Erweiterung des Verfahrens auf Mehrroboter-Systeme

Sollen Kollisionen zwischen mehreren Robotern verhindert werden, so sind verschiedene Strategien denkbar, wie die einzelnen Geräte aufeinander reagieren, d.h. wie die globalen Verhaltensweisen der Elemente auf der Systemebene abgestimmt sind:

a. Zunächst kann auf eine Prioritätszuordnung ganz verzichtet werden. Jeder Roboter hat dann gleichberechtigt mit den anderen die Pflicht, nach seinen Möglichkeiten Kollisionen mit seiner Umgebung zu verhindern. Diese Vorgehensweise kann angewandt werden, wenn bei keinem Roboter Bahntreue verlangt wird, z.B. bei reinen Umsetzbewegungen. Jedes Gerät geht davon aus, daß die Geräte in der Umgebung ihrerseits keine Vorkehrungen zur Vermeidung von Kollisionen treffen. Es entstehen aufgrund dieser sehr vorsichtigen Annahme daher auch keine kritischen Situationen dadurch, daß Roboter mit geringer Dynamik, sei es aufgrund einer verfehlten Prioritätszuordnung oder aufgrund von Störungen, Ausweichbahnen fahren sollen, zu denen sie nicht in der Lage sind. Eine solche Strategie entspricht dem Fußgängerverkehr auf einem Platz. Von allen Seiten kommen gleichberechtigte Verkehrsteilnehmer, die jeder für sich in ihrer Umgebung für Kollisionsvermeidung sorgen sollen.

b. Es können jedoch auch Prioritäten vergeben werden, die festlegen, welche Roboter in der Regel vorrangig ihren programmierten Bahnen folgen dürfen und welche ausweichpflichtig sind. Allerdings halten sie nicht starr an der einmal gesetzten Ordnung fest, sondern passen sich den jeweiligen Verhältnissen an. Dazu gehört vor allem, daß sie auch Robotern, die ihnen selbst ausweichpflichtig sind, ausweichen, wenn eine Kollision sonst nicht abzuwenden ist. Aufgrund dieser flexiblen Reaktion genügt für die Definition der Prioritäten eine Halbordnung. Zur Realisierung ist es notwendig, daß alle Geräte eines Systems ständig die Kollisionserkennung und zusätzlich eine Abschätzung betreiben, ob die ausweichpflichtigen Geräte voraussichtlich auch tatsächlich ausweichen werden. Diese zweite Strategie entspricht der Verkehrsregelung an einer Straßenkreuzung mit Ampelanlage. Es gibt dort zwar Vorrangsregeln, jedoch hat jeder Verkehrsteilnehmer die Pflicht zu warten oder auszuweichen, wenn er erkennt, daß sich die anderen nicht an ihre Wartepflicht halten. Eine, wenn auch nicht gewollte, Abweichung von der Sollbahn ist auf jeden Fall kostengünstiger als eine Berührung der Arme (was neben Beschädigungen dann auch eine Bahnabweichung zur Folge hat).

c. Schließlich können, wie dies z.B. in [2], [6], [10], [16] und [17] geschehen ist, auch unbedingte Prioritäten vergeben werden, an die sich die Steuerungen zu halten haben. Es wird also eine Totalordnung auf dem betrachteten Mehrroboter-System definiert, die jedem Roboter $p \in \{1, \ldots, r\} \cup \{j\}$ einen eineindeutigen Vorrangswert zuweist. Damit ist für jedes beliebige Paar von Robotern $k \in \{1, \ldots, r\}$, $j \notin \{1, \ldots, r\}$ festgelegt, welcher der beiden seine Bahn unverändert weiterverfolgen darf und welcher ausweichpflichtig ist. Diese Prioritätenzuordnung muß sehr sorgfältig in Abhängigkeit von den Arbeitsaufgaben und der Dynamik der jeweiligen Roboter erfolgen. Insbesondere muß sichergestellt sein, daß ein ausweichpflichtiger Roboter auch stets in der Lage ist, dieser Pflicht nachzukommen, da die bevorrechtigten Roboter ihrerseits keinen Versuch machen, eine Kollision zu verhindern. Nicht beeinflußbare Hindernisse werden stets mit der höchsten Priorität versehen. Diese Strategie entspricht der Verkehrsregelung an einem beschrankten Bahnübergang (solange die Schranken funktionieren).

Sowohl bezüglich des übergreifenden Systemverhaltens als auch bezüglich der lokalen Taktik ergeben sich Differenzen zwischen den drei genannten Methoden. Der Einsatz sollte daher nach einer Analyse der Aufgabenstellungen und der spezifischen Vor- und Nachteile entschieden werden:

zu a. Die Gleichberechtigung innerhalb eines Mehrroboter-Systems ist dann zweckmäßig, wenn entweder aus den Arbeitsaufgaben keine sinnvolle Bevorzugung bestimmter Roboter gegenüber anderen abgeleitet werden kann, oder wenn von vornherein Bahntreue nicht verlangt wird (wie etwa bei PTP-Bewegungen). Im Vergleich zum prioritätsgesteuerten Ausweichen werden Ausweichbewegungen relativ früh eingeleitet. Kritische Situationen, in denen kein Ausweichen mehr möglich ist, treten durch die vorsichtige Strategie seltener auf. Allerdings werden auch dann Modifikationen der Bahn vorgenommen, wenn dies nicht unbedingt notwendig wäre.

zu b. Die bedingte Prioritätszuordnung ist geeignet für Anwendungsfälle, in denen ein Teil der Roboter aus dem betrachteten System aufgrund von Zeitbedingungen oder technologischen Anforderungen die programmierte und ggf. sensorkorrigierte Bahn nicht verlassen soll. Im Gegensatz zur unbedingten Prioritätszuordnung wird jedoch der Fall in Betracht gezogen, daß es zu Störungen des normalen Ablaufs kommt, die ohne geeignete Maßnahmen zu Beschädigungen der Werkstücke und/oder der Roboter führen. Diese Maßnahmen beruhen auf der realistischen Annahme, daß die Vermeidung von Kollisionen, auch wenn dadurch die normale Durchführung der Arbeitsaufgaben unmöglich wird, immer die günstigere Lösung ist. Selbst wenn die Einhaltung der Bahnen von der Arbeitsaufgabe her nicht erforderlich ist, hat die bedingte Prioritätszuordnung gegenüber dem gleichberechtigten Ausweichen den Vorteil, daß in der Regel zumindest ein Teil der Roboter des Systems die vorgesehenen Zeitabläufe einhält. Es kann allerdings dadurch, daß bevorrechtigte Geräte nur im Notfall ihre Bahn ändern, dann zu sehr harten Manövern bis zur Zwangsbremsung kommen.

zu c. Die unbedingte Prioritätszuordnung hat als Voraussetzung, daß die Einhaltung der Prioritäten strikt gesichert ist, da es für den gegenteiligen Fall keine Vorkehrungen gibt, doch noch einer Kollision zu entgehen. Daher ist der Einsatz nur auf einfach strukturierte Systeme, wie etwa solche, die nur aus einem Roboter und nicht beeinflußbaren Hindernissen bestehen, zu begrenzen. Es kann prinzipiell nicht ausgeschlossen werden, daß ein ausweichpflichtiger Roboter gestört ist und nicht über die normale Beweglichkeit und Dynamik verfügt, um Kollisionen zu vermeiden.

Generell ergeben sich, unabhängig von der Prioritätszuordnung, einige Problemstellungen durch die Änderung der von der Steuerung geplanten Bahn und bei der gleichzeitigen Berücksichtigung mehrerer Geräte:

- Die neue Trajektorie müßte eigentlich auch mit einem Geschwindigkeitsprofil, d.h. Beschleunigungs- und Bremsrampen sowie einer wählbaren Maximalgeschwindigkeit versehen werden. Dies sind normalerweise Funktionen der Bahnplanung. Zu ihrer Realisierung müßte also entweder eine weitere online-Bahnplanung in das Modul für die Kollisionsvermeidung eingebunden, oder die bereits vorhandene mitgenutzt werden. Dies bedingt eine wesentlich komplexere Schnittstelle und eine Anpassung des ursprünglichen Bahnplanungs-Moduls.

- Es darf keine Schleppfehler-Überwachung zwischen dem originalen Sollwert und dem Istwert des Roboters durchgeführt werden, wenn die Kollisionsvermeidung neue Sollwerte generiert. Diese liegen in der Regel außerhalb des zulässigen Schleppfehlerintervalls. Ein Vergleich zwischen dem tatsächlich aufgeschalteten Sollwert und dem Istwert ist dagegen möglich. Das ist allerdings nur dann sinnvoll, wenn für die neuen Sollwerte eine Bahnplanung durchgeführt wurde.

- Weiterhin kann es geschehen, daß widersprechende Werte für die Sollbahn bei der gleichzeitigen Berücksichtigung mehrerer Geräte generiert werden. In diesem Fall ist zu entscheiden, welcher der jeweils eine Kollision vermeidenden Werte gewählt werden soll bzw. wie eine geeignete Strategie gefunden wird, die allen Einzelansprüchen möglichst gerecht wird. Dabei ist insbesondere zu berücksichtigen, daß durch die Beachtung des hinteren Auslegers auch Sollpositionen berechnet werden, die am Handpunkt in Richtung auf eine Verstärkung der Kollisionsgefahr wirken können. Daher ist eine Kinematik zu bevorzugen, die nicht über eine beidseitig aus dem Drehturm ragende Translationsachse verfügt, sondern z.B. über einen Teleskoparm. Für einen vertikalen Knickarm gilt dies dann, wenn die zweite Achse, wie hier geschehen, nicht in das Verfahren einbezogen ist.

- Wird ein hierarchisch über allen Steuerungen angeordnetes Modul zur Koordinierung benutzt, so ergibt sich bei großen Einheiten, etwa Fabrikhallen, die Schwierigkeit, daß der Rechenaufwand quadratisch mit der Anzahl der beteiligten Geräte steigt und damit auch auf sehr schneller Hardware evtl. nicht mehr online-fähig ist. Wird dagegen eine verteilte Architektur eingesetzt, bei der jeder Roboter über einen ihm zugeordneten Prozessor verfügt (ideal wäre ein Transputer-System), auf dem nur seine direkten Nachbarn berücksichtigt werden, so steigt der Aufwand lediglich linear. Er ist zudem auch dadurch nach oben begrenzt, daß zu jedem Zeitpunkt nur eine sehr beschränkte Zahl von Geräten direkt um einen Roboter angeordnet sein kann. Es ist lediglich ein zentraler Kommunikationspfad zwischen den einzelnen Modulen notwendig. Mit einer solchen Struktur wird auch die Integration in die Steuerungen erleichtert, die gerade im Hinblick auf die Kommunikation mit übergeordneten Ebenen vorteilhaft ist.

Im folgenden wird nun für die drei vorgestellten Strategien, d.h. für das gleichberechtigte Fahren und für die bedingte sowie für die unbedingte Prioritätssteuerung beschrieben, wie aus den Sollwertvektoren $\underline{w}_{kj}^{s}(t_n)$ für die einzelnen Roboterpaare j, k der letztlich einzuregelnde Sollwertvektor $\underline{w}_{j}^{\prime s}(t_n)$ bestimmt wird (Bild 4) und wie kritische Situationen, die durch widersprüchliche Vorgaben entstehen, behandelt werden können.

3.4.1 Gleichberechtigtes Fahren

Die Gleichberechtigung mehrerer Roboter bedeutet, daß jeder Roboter ausweichpflichtig ist und die Kollisionsvermeidung unabhängig von den Strategien der anderen betreibt, er benutzt lediglich deren Zustandsvektoren. Ausgangspunkt für die Bestimmung des Sollwertvektors $\underline{w}_j'^s(t_n)$ des Roboters j, der diesen kollisionsfrei zu allen Robotern $k \in \{1, \ldots, r\}$ in Richtung auf seinen programmierten Zielpunkt führen soll, sind die einzelnen Sollwertvektoren $\underline{w}_{kj}^s(t_n)$ aus den paarweisen Berechnungen. Die Berechnung von $\underline{w}_j'^s(t_n)$ ist dann unkritisch, wenn die modifizierten Komponenten je einer Achse sich nicht widersprechen. In diesem Fall ist lediglich die stärkste Vermeidungsbewegung jeder Achse zu bestimmen und auszuwählen. Treten jedoch widersprüchliche Werte für eine Achse auf, so kann sich eine geometrische Konstellation ergeben, in der ein Ausweichen nicht mehr möglich ist. Dies kann zwei Ursachen haben:

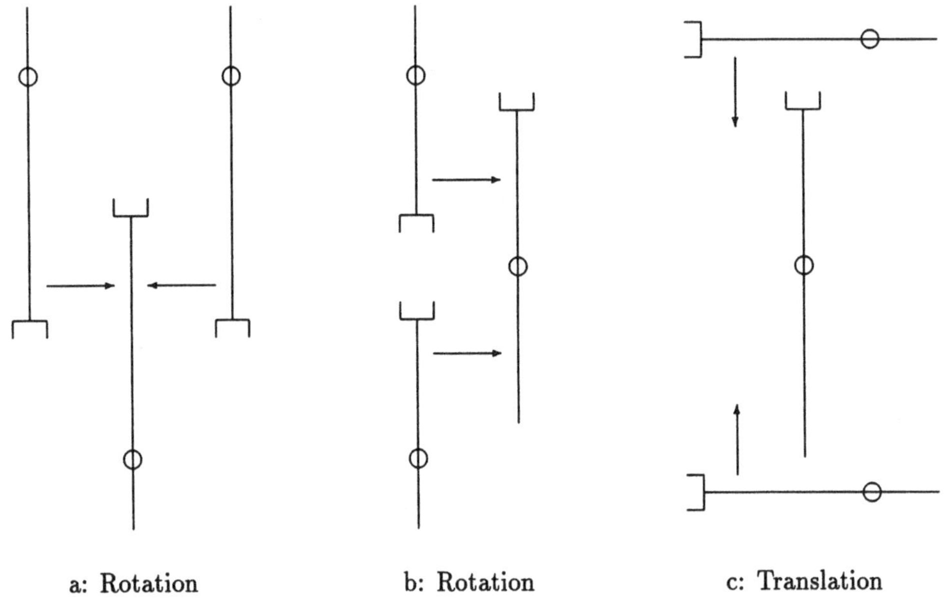

Bild 20: Konflikte in den Achs-Sollwerten

- Zum ersten können für die Rotationsachse Sollwerte in entgegengesetzter Drehrichtung generiert werden. Dies kann durch Kollisionsgefahr an nur einem der beiden aus dem Drehturm ragenden Teile der dritten Achse hervorgerufen werden (Bild 20a), aber auch durch Kollisionsgefahr an beiden Teilen (Bild 20b). Die letztere Situation ist vermeidbar, wenn statt der starren Schubachse ein Teleskoparm bzw. ein vertikaler Knickarm verwendet wird.
- Ebenfalls durch die Konstruktion der Schubachse wird ein Widerspruch in den Werten für die Translation verursacht. Dies geschieht, wenn beide aus dem Drehturm ragenden Teile eine Ausweichbewegung ausführen müssen (Bild 20c).

3.4.1.1 Bestimmung des Sollwertes für die Rotation

Der endgültige Sollwert für die erste Achse, $\bar{\varphi}_j(t_n)$, wird nun abhängig davon festgelegt, wie die Positionen der Hindernisse relativ zu dieser Achse sind und in welchen Richtungen die Achse ausweichen soll. Dazu werden zunächst jeweils für die positive und die negative Drehrichtung, ausgehend von der augenblicklichen Lage der Achse, der maximale und der minimale modifizierte Sollwert ermittelt. Als erstes ergibt sich für den maximalen Wert in positiver Richtung

$$\varphi_j^{p+}(t_n) = \max_{\substack{i \in \{1,\cdots,r\} \\ i \neq j}} [\hat{\varphi}_{ij}(t_n) \mid \hat{\varphi}_{ij}(t_n) \geq \varphi_j(t_n)] \tag{74}$$

und für den minimalen Wert in positiver Richtung entsprechend

$$\varphi_j^{p-}(t_n) = \min_{\substack{i \in \{1,\cdots,r\} \\ i \neq j}} [\hat{\varphi}_{ij}(t_n) \mid \hat{\varphi}_{ij}(t_n) \geq \varphi_j(t_n)] \tag{75}$$

In der negativen Drehrichtung wird der Wert mit der kleinsten Winkeldifferenz entsprechend mit

$$\varphi_j^{n+}(t_n) = \max_{\substack{i \in \{1,\cdots,r\} \\ i \neq j}} [\hat{\varphi}_{ij}(t_n) \mid \hat{\varphi}_{ij}(t_n) \leq \varphi_j(t_n)] \tag{76}$$

und derjenige mit der größten Winkeldifferenz mit

$$\varphi_j^{n-}(t_n) = \min_{\substack{i \in \{1,\cdots,r\} \\ i \neq j}} [\hat{\varphi}_{ij}(t_n) \mid \hat{\varphi}_{ij}(t_n) \leq \varphi_j(t_n)] \tag{77}$$

berechnet. Falls die Sollwerte widersprüchlich sind, wenn also

$$\begin{aligned} & \bigvee_{\substack{i,k \in \{1,\cdots,r\} \\ i \neq j \neq k}} \Delta\varphi_{ij}(t_n) < 0 < \Delta\varphi_{kj}(t_n) \\ \wedge & \bigvee_{\substack{m,n \in \{1,\cdots,r\} \\ m \neq j \neq n}} \hat{\varphi}_{mj}(t_n) < \varphi_j(t_n) < \hat{\varphi}_{nj}(t_n) \end{aligned} \tag{78}$$

gilt, so liegt eine Konfliktsituation vor, die innerhalb des Kollisionsvermeidungs-Moduls prinzipiell nicht gelöst, sondern nur dahingehend behandelt werden kann, daß ein Abschalten der Geräte solange wie möglich vermieden wird. In der Regel sollte bei Auftreten dieses

Falles die übergeordnete Steuerungsebene informiert werden. Die Simulationen in (3.6) zeigen allerdings, daß häufig auch diese Situationen mit der im folgenden entwickelten Strategie in zufriedenstellender Weise durchfahren werden.

Es wird daher versucht eine Bahn zu finden, die möglichst lange kollisionsfrei bleibt. Allerdings ist in diesem Zustand stets damit zu rechnen, daß eine notwendige Ausweichbewegung nicht mehr vollzogen werden kann. Zur Fortsetzung der Bahn wird dazu derjenige von den widersprüchlichen Werten ausgewählt, der die stärkste Kollisionsgefahr für den Roboter j darstellt. Diese Gefahr wird hier nicht mehr achsbezogen festgestellt, sondern mit dem minimalen Abstand auf den gesamten Aufbau bezogen. Der minimale Abstand zwischen dem Roboter j und dem Roboter k kann nach (4), (15), (16), (19), (21) und (23) als

$$d_{kj}^{min}(t_n) = \min[a_{kj}, d_{kj}(t_n), e_{kj}(t_n), l_{kj}(t_n), e_{jk}(t_n), l_{jk}(t_n)] \tag{79}$$

bestimmt werden. Hierbei wird $l_{kj}(t_n)$ nur dann berücksichtigt, wenn (24) und (25) gelten und $l_{jk}(t_n)$ nur dann, wenn (26) und (27) gelten, d.h. wenn die Lote tatsächlich auf die Arme und nicht auf die durch sie definierten Geraden gefällt werden. Damit wird $d_j^1(t_n)$ als der minimale Abstand zwischen dem Roboter j und demjenigen Roboter, der in positiver Drehrichtung den dichtesten Sollwert liefert, definiert:

$$d_j^1(t_n) := d_{kj}^{min}(t_n) \quad \Leftrightarrow \quad \hat{\varphi}_{kj}(t_n) = \varphi_j^{p-}(t_n) \tag{80}$$

Für $d_j^2(t_n)$ als dem minimalen Abstand zu demjenigen Roboter, der in negativer Drehrichtung den dichtesten Sollwert liefert, folgt ebenso

$$d_j^2(t_n) := d_{kj}^{min}(t_n) \quad \Leftrightarrow \quad \hat{\varphi}_{kj}(t_n) = \varphi_j^{n+}(t_n) \tag{81}$$

Die zugehörigen Geschwindigkeiten werden für beide Abstandswerte durch Differenzenquotienten ermittelt, zunächst für den Abstand aus (80) mit

$$\dot{d}_j^1(t_n) = \frac{d_j^1(t_n) - d_j^1(t_{n-1})}{\Delta t} \tag{82}$$

und dann für den Abstand aus (81) mit

$$\dot{d}_j^2(t_n) = \frac{d_j^2(t_n) - d_j^2(t_{n-1})}{\Delta t} \tag{83}$$

Mit Hilfe von (80)–(83) wird derjenige der widersprüchlichen Sollwerte bestimmt, dessen verursachender Roboter augenblicklich in der gefährlichsten Lage bezüglich des Roboters j ist. Dazu wird nicht nur der Abstand, sondern auch seine zeitliche Veränderung betrachtet:

$$
\bar{\varphi}'_j(t_n) = \begin{cases}
\varphi_j^{p-}(t_n) \quad \text{falls} & [d_j^1(t_n) = d_j^2(t_n) \;\wedge\; \dot{d}_j^1(t_n) < \dot{d}_j^2(t_n)] \\[2ex]
& \vee \left[\begin{array}{l} d_j^1(t_n) > d_j^2(t_n) \\ \wedge \left[\begin{array}{l} \left[\begin{array}{l} \dot{d}_j^1(t_n) < 0 \\ \wedge\; \dot{d}_j^2(t_n) \geq 0 \end{array} \right] \\ \vee \left[\begin{array}{l} \dot{d}_j^1(t_n) < \dot{d}_j^2(t_n) < 0 \\ \wedge \left| \dfrac{d_j^1(t_n)}{\dot{d}_j^1(t_n)} \right| < \left| \dfrac{d_j^2(t_n)}{\dot{d}_j^2(t_n)} \right| \end{array} \right] \end{array} \right] \end{array} \right] \\[2ex]
& \vee \left[\begin{array}{l} d_j^1(t_n) < d_j^2(t_n) \\ \wedge \neg \left[\begin{array}{l} \left[\begin{array}{l} \dot{d}_j^2(t_n) < 0 \\ \wedge\; \dot{d}_j^1(t_n) \geq 0 \end{array} \right] \\ \vee \left[\begin{array}{l} \dot{d}_j^2(t_n) < \dot{d}_j^1(t_n) < 0 \\ \wedge \left| \dfrac{d_j^2(t_n)}{\dot{d}_j^2(t_n)} \right| < \left| \dfrac{d_j^1(t_n)}{\dot{d}_j^1(t_n)} \right| \end{array} \right] \end{array} \right] \end{array} \right] \\[2ex]
\varphi_j^{n+}(t_n) \quad \text{sonst} &
\end{cases} \tag{84}
$$

Bei Gleichheit der zu den beiden dichtesten Sollwerten gehörigen Abstände wird derjenige Sollwert gewählt, dessen Abstandsgeschwindigkeit kleiner ist. Ansonsten wird prinzipiell derjenige Sollwert eingesetzt, für den es nach dem augenblicklichen Abstand und dessen Veränderung zuerst zu einer Kollision käme. Durch das Eingreifen der Strategie kann dies natürlich wechseln und ein anderer Roboter zur stärkeren Gefahr werden. Insbesondere aber kann der Bewegungsspielraum überhaupt so eng werden, daß nach keiner Seite ein Ausweichen mehr möglich ist.

Mit den in (74)–(77) und (84) bestimmten Sollwerten wird nun der endgültig verwendete Sollwert für die Rotation ausgewählt:

$$\bar{\varphi}_j(t_n) = \begin{cases} \varphi_j^{p+}(t_n) & \text{falls} \quad \bigwedge\limits_{\substack{i\in\{1,\cdots,r\}\\ i\neq j}} \Delta\varphi_{ij}(t_n) < 0 \\ & \qquad \wedge \bigvee\limits_{\substack{k\in\{1,\cdots,r\}\\ k\neq j}} \hat{\varphi}_{kj}(t_n) > \varphi_j(t_n) \\ \varphi_j^{n-}(t_n) & \text{falls} \quad \bigwedge\limits_{\substack{i\in\{1,\cdots,r\}\\ i\neq j}} \Delta\varphi_{ij}(t_n) > 0 \\ & \qquad \wedge \bigvee\limits_{\substack{k\in\{1,\cdots,r\}\\ k\neq j}} \hat{\varphi}_{kj}(t_n) < \varphi_j(t_n) \\ \varphi_j^{p-}(t_n) & \text{falls} \quad \bigwedge\limits_{\substack{i\in\{1,\cdots,r\}\\ i\neq j}} \hat{\varphi}_{ij}(t_n) > \varphi_j(t_n) \\ & \qquad \wedge \bigvee\limits_{\substack{k\in\{1,\cdots,r\}\\ k\neq j}} \Delta\varphi_{kj}(t_n) > 0 \\ \varphi_j^{n+}(t_n) & \text{falls} \quad \bigwedge\limits_{\substack{i\in\{1,\cdots,r\}\\ i\neq j}} \hat{\varphi}_{ij}(t_n) < \varphi_j(t_n) \\ & \qquad \wedge \bigvee\limits_{\substack{k\in\{1,\cdots,r\}\\ k\neq j}} \Delta\varphi_{kj}(t_n) < 0 \\ \bar{\varphi}'_j(t_n) & \text{sonst} \end{cases} \tag{85}$$

Der Winkel mit der größten Differenz in positiver Drehrichtung $\varphi_j^{p+}(t_n)$ wird dann verwendet, wenn alle Hindernisse negative Drehrichtung zum Bezugsroboter aufweisen und mindestens ein Sollwert größer ist als der Istwert. Damit wird der von allen Hindernissen am weitesten entfernte Wert benutzt. Entsprechendes gilt für den Winkel mit der größten Differenz in negativer Drehrichtung $\varphi_j^{n-}(t_n)$, allerdings mit negativem Vorzeichen. In beiden Fällen befinden sich alle Hindernisse auf nur einer Seite der dritten Achse und es kann kein Konflikt auftreten. Der Winkel mit der geringsten Differenz in positiver Drehrichtung $\varphi_j^{p-}(t_n)$ wird dann verwendet, wenn alle Sollwerte auf der positiven Seite des Arms liegen, aber mindestens ein Hindernis ebenfalls in dieser Richtung vorhanden ist. Entsprechend wird der Winkel mit der geringsten Differenz in negativer Drehrichtung $\varphi_j^{n+}(t_n)$ dann eingesetzt, wenn dies für die negative Seite des Arms gilt. In den beiden letztgenannten Fällen sind alle Sollwerte auf einer Seite, es gibt jedoch in der gleichen Richtung auch Hindernisse. Von diesen wird der größtmögliche Abstand gehalten. In allen anderen Fällen gilt (78), d.h. es tritt ein Widerspruch auf und der nach (84) bestimmte Sollwert wird benutzt, allerdings mit der Gefahr, daß kein Ausweichen durchführbar ist.

Wenn widersprechende Sollwerte generiert wurden, kann dennoch versucht werden, solange wie möglich die Bewegung fortzusetzen, denn es muß nicht zwangsläufig zur Kollision kommen, vielmehr kann die Situation sich auch wieder dahingehend ändern, daß die Gefahr abnimmt. Es muß allerdings eine Strategie verfolgt werden, die sicherstellt, daß es tatsächlich nicht zur Kollision kommt (falls dies durch die beschränkten Eingriffsmöglichkeiten der lokalen Steuerung bewirkt werden kann).

Die sicherste Maßnahme ist die Information der übergeordneten Ebene, d.h. der Bahnsteuerung. Diese kann ihrerseits Entscheidungen treffen, ob andere Geräte aufgefordert werden, stärker auszuweichen, ob die Leitebene benachrichtigt wird, ob der Bezugsroboter stillgesetzt wird oder ob sogar ein Not-Aus für die gesamte Fertigungszelle ausgelöst wird. Dabei ist eine Abstützung auf ein Expertensystem denkbar, das auch mit größeren Rechenzeiten arbeiten darf, dann jedoch frühzeitig über die Entwicklung der Situation informiert werden muß. In den Simulationen in Abschnitt 3.6 wurde das Unterschreiten des vierfachen maximalen Sicherheitsabstands in der Translation als Kriterium für eine Meldung gewählt, d.h. die Gültigkeit von

$$\bigvee_{\substack{k\in\{1,\cdots,r\}\\ k\neq j}} d_{kj}^{min}(t_n) < 4\delta r_j^{max} \tag{86}$$

geprüft. Die eigentliche Entscheidung über die Vorgehensweise bei Konflikten, die nicht lokal in den Modulen zur Kollisionsvermeidung gelöst werden können, liegt dann in den übergeordneten Ebenen. Die Flexibilität und damit die Effizienz der Kollisionsvermeidung hängt daher auch wesentlich von der Integration ihrer Anforderungen in die Steuerung ab (siehe Abschnitt 3.5).

3.4.1.2 Bestimmung des Sollwertes für die Translation

Analog zur obigen Bestimmung des endgültigen Sollwerts für die erste Achse wird nun der entsprechende für die dritte Achse, $\bar{r}_j(t_n)$, ausgewählt. Auch hier werden die Positionen der Hindernisse relativ zur Achse berücksichtigt. Zunächst wird der minimale Sollwert bestimmt, der ein Einziehen des Handpunktes bewirkt und daher von einer Gefahr im Bereich des Handpunktes herrührt:

$$r_j^h(t_n) = \min_{\substack{i\in\{1,\cdots,r\}\\ i\neq j}} [\hat{r}_{ij}(t_n)] \tag{87}$$

und dann der maximale, der ein Ausfahren des Handpunktes bewirkt und daher von einer Gefahr im Bereich des rückwärtigen Auslegers stammen muß:

$$r_j^r(t_n) = \max_{\substack{i\in\{1,\cdots,r\}\\ i\neq j}} [\hat{r}_{ij}(t_n)] \tag{88}$$

Wie beschrieben werden Hindernisse je nach Lage auf den Handpunkt oder auf den gegenüberliegenden Endpunkt der dritten Achse bezogen. Liegen nun dadurch bedingt

Sollwerte vor, die sowohl ein Aus- als auch Einfahren der dritten Achse verlangen, d.h. es gilt

$$\bigvee_{\substack{i,k\in\{1,\cdots,r\}\\ i\neq j\neq k}} \hat{r}_{ij}(t_n) < r_j(t_n) < \hat{r}_{kj}(t_n) \tag{89}$$

so liegt auch hier eine Konfliktsituation vor. Aus dem in (79) bestimmten minimalen Abstand $d_{kj}^{min}(t_n)$ der Roboter j und k, wird nun zuerst $d_j^3(t_n)$ als der Abstand des Roboters j zu demjenigen Roboter k definiert, der bei ihm die Einzugsbewegung mit der größten Längendifferenz bewirkt:

$$d_j^3(t_n) := d_{kj}^{min}(t_n) \;\Leftrightarrow\; \hat{r}_{kj}(t_n) = r_j^h(t_n) \tag{90}$$

Analog folgt $d_j^4(t_n)$ als der Abstand zu demjenigen Roboter k, der die Ausfahrbewegung mit der größten Längendifferenz auslöst:

$$d_j^4(t_n) := d_{kj}^{min}(t_n) \;\Leftrightarrow\; \hat{r}_{kj}(t_n) = r_j^{\tau}(t_n) \tag{91}$$

Die zugehörigen Geschwindigkeiten für die Abstände aus (90) und (91) werden mittels Differenzenquotienten berechnet, und zwar für den Abstand $d_j^3(t_n)$ zu

$$\dot{d}_j^3(t_n) = \frac{d_j^3(t_n) - d_j^3(t_{n-1})}{\Delta t} \tag{92}$$

und entsprechend für den Abstand $d_j^4(t_n)$ zu

$$\dot{d}_j^4(t_n) = \frac{d_j^4(t_n) - d_j^4(t_{n-1})}{\Delta t} \tag{93}$$

Wie in (84) für die Rotationsachse, wird nun für die Translationsachse mit Hilfe von (90)–(93) derjenige der widersprüchlichen Sollwerte ermittelt, dessen verursachender Roboter sich zu diesem Zeitpunkt in der gefährlichsten Lage zum Roboter j befindet. Auch hier werden sowohl die Abstände als auch deren Geschwindigkeiten betrachtet:

$$
\bar{r}'_j(t_n) = \begin{cases} r_j^h(t_n) & \text{falls} \quad [d_j^3(t_n) = d_j^4(t_n) \;\wedge\; \dot{d}_j^3(t_n) < \dot{d}_j^4(t_n)] \\ & \vee \left[\begin{array}{l} d_j^3(t_n) > d_j^4(t_n) \\ \wedge \left[\begin{array}{l} \left[\begin{array}{l} \dot{d}_j^3(t_n) < 0 \\ \wedge\; \dot{d}_j^4(t_n) \geq 0 \end{array} \right] \\ \vee \left[\begin{array}{l} \dot{d}_j^3(t_n) < \dot{d}_j^4(t_n) < 0 \\ \wedge \left| \dfrac{d_j^3(t_n)}{\dot{d}_j^3(t_n)} \right| < \left| \dfrac{d_j^4(t_n)}{\dot{d}_j^4(t_n)} \right| \end{array} \right] \end{array} \right] \end{array} \right] \\ & \vee \left[\begin{array}{l} d_j^3(t_n) < d_j^4(t_n) \\ \wedge \neg \left[\begin{array}{l} \left[\begin{array}{l} \dot{d}_j^4(t_n) < 0 \\ \wedge\; \dot{d}_j^3(t_n) \geq 0 \end{array} \right] \\ \vee \left[\begin{array}{l} \dot{d}_j^4(t_n) < \dot{d}_j^3(t_n) < 0 \\ \wedge \left| \dfrac{d_j^4(t_n)}{\dot{d}_j^4(t_n)} \right| < \left| \dfrac{d_j^3(t_n)}{\dot{d}_j^3(t_n)} \right| \end{array} \right] \end{array} \right] \end{array} \right] \\ r_j^r(t_n) & \text{sonst} \end{cases} \tag{94}
$$

Die Auswahl des auf den Handpunkt bezogenen Sollwertes $r_j^h(t_n)$ bzw. des auf den rückwärtigen Ausleger bezogenen Sollwertes $r_j^r(t_n)$ geschieht nach den gleichen Kriterien wie in (84).

Die Entscheidung, welcher dieser beiden Werte verwendet wird bzw. ob ein Widerspruch in der Richtungsvorgabe vorliegt, ergibt sich wie folgt. Sind nur Sollwerte erzeugt worden, die sich auf den Handpunkt beziehen, wurde also der lokale Istwert der Translation in (8) in keinem Fall geändert, so wird der auf den Handpunkt bezogene minimale Sollwert $r_j^h(t_n)$ zum neuen, alle Gefahren in dieser Achse berücksichtigende Translations-Sollwert des Roboters j. Die Verwendung des minimalen Wertes beinhaltet die Ausweichbewegungen für alle Roboter $i \in \{1, \cdots, r\}$. Ebenso wird der maximale Sollwert $r_j^r(t_n)$ benutzt, wenn nur Sollwerte erzeugt wurden, die sich auf den rückwärtigen Ausleger beziehen, wenn also der lokale Istwert der Translation in (8) für jeden Roboter $i \in \{1, \cdots, r\}$ geändert wurde. Auch hier umfaßt der maximale Wert alle anderen Sollwerte. Ansonsten wurden Sollwerte sowohl zum Einziehen als auch zum Ausfahren des Arms erzeugt, es gilt also (89). In diesem widersprüchlichen Fall wird der in (94) ausgewählte Sollwert verwendet.

$$\bar{r}_j(t_n) = \begin{cases} r_j^h(t_n) & \text{falls} \quad \bigwedge\limits_{\substack{i\in\{1,\cdots,r\}\\ i\neq j}} r'_{ij}(t_n) = r_j(t_n) \\ r_j^\tau(t_n) & \text{falls} \quad \bigwedge\limits_{\substack{i\in\{1,\cdots,r\}\\ i\neq j}} r'_{ij}(t_n) \neq r_j(t_n) \\ \bar{r}'_j(t_n) & \text{sonst} \end{cases} \tag{95}$$

Ebenso wie bei Konflikten in der Rotation ist auch in der Translation die Durchführbarkeit der Ausweichbewegung nicht garantiert, wenn widersprüchliche Sollwerte vorliegen. In diesem Fall sollte eine entsprechende Information an die übergeordnete Ebene gegeben werden. Als Kriterium kann z.B. die Bedingung aus (86) benutzt werden.

3.4.1.3 Bestimmung des Sollwertvektors

Mit den in (85) und (95) bestimmten modifizierten Sollwerten für die Rotation und die Translation der dritten Achse kann nun der endgültig an die Regelung zu gebende Sollwertvektor (siehe Bild 4) bestimmt werden:

$$\underline{w}_j'^s(t_n) = \begin{bmatrix} \bar{\varphi}_j(t_n) \\ z_j^s(t_n) \\ \bar{r}_j(t_n) \end{bmatrix} \tag{96}$$

Da in dieser Arbeit die zweite Achse durch die Kollisionsvermeidung nicht verändert wird, wird deren von der Bahnsteuerung erzeugter originaler Sollwert $z_j^s(t_n)$ übernommen. Eine Erweiterung des vorgestellten Verfahrens auf die zweite Achse verändert somit nicht seine Struktur.

3.4.2 Bedingt prioritätsgesteuertes Fahren

Diese Methode unterscheidet sich von der oben ausgeführten insofern, als den Geräten Prioritäten zugeordnet sind und modifizierte Sollwerte im Regelfall nur dann berechnet werden, wenn aufgrund der Prioritäten ein Roboter gegenüber dem anderen ausweichpflichtig ist. Jedoch wird auch von den bevorrechtigten Robotern eine ständige Überwachung ihrer Umgebung durchgeführt und eine Kollisionsvermeidung eingeleitet, wenn sie bemerken, daß es bei Beibehaltung der augenblicklichen Bahn zu einer Kollision käme. Dem sollte, falls dies von der Struktur der Steuerung her möglich ist, eine Meldung an die Ebene der Bahnplanung vorausgehen, so daß evtl. alternative Strategien verfolgt werden können.

Bei den Simulationen in Abschnitt 3.6 wurde die Bedingung aus (86) eingesetzt, um die Umschaltung von der Prioritätssteuerung auf das gegenseitige Ausweichen vorzunehmen. Es wurde also permanent für alle Roboter der Abstand beobachtet und im Fall der Unterschreitung des kritischen Wertes die Kollisionsvermeidung unabhängig von den Prioritäten vorgenommen. Die damit erzielten Ergebnisse erfüllen die Anforderungen dieser Methode nach weitgehender Beibehaltung der Bahnen für die bevorrechtigten Roboter und nach Sicherheit vor Beschädigungen.

3.4.3 Unbedingt prioritätsgesteuertes Fahren

Diese Vorgehensweise entspricht der im vorangegangenen Abschnitt vorgestellten mit dem Unterschied, daß bevorrechtigte Roboter von sich aus keine Ausweichbewegung einleiten, auch wenn dann eine Kollision nicht zu vermeiden ist. Die einzige und damit auch unumgängliche Möglichkeit, unvorhergesehene Konfliktsituationen zu bewältigen, ist die permanente Überwachung der ausweichpflichtigen Geräte und die Information der übergeordneten Module, die dann ggf. eine Änderung der Prioritätenzuordnung oder ein Abschalten vornehmen müssen. Algorithmisch wird also gegenüber dem bedingt prioritätsgesteuerten Fahren lediglich die Kontrolle der Roboter mit geringerer Priorität durch die Meldung der Kollisionsparameter an die nächsthöhere Ebene ergänzt und die Befugnis zur eigenständigen Entscheidung über eine Notstrategie entzogen. Weder [6], [16] noch [17], die Systeme mit drei Robotern vorstellen, sehen solche Sicherheitsmaßnahmen und Rückkopplungen in der Steuerungsstruktur vor.

3.5 Einbindung der Strategien in die Steuerung

Die vorgestellte Kollisionsvermeidung kann als eigenständiges Modul in eine vorhandene Steuerung integriert werden (siehe Datenfluß in Abschnitt 3.1, Bild 3). Es ist dazu lediglich eine Schnittstelle zwischen der Sollwertgenerierung (d.h. der Bahnsteuerung) und der Regelung notwendig. Der jeweils nächste Sollwert muß mit den augenblicklichen Istwerten (die in der Regelung bekannt sind) verglichen und geändert werden können. Das Modul kann in die bestehende Software integriert werden, es ist allerdings auch relativ leicht realisierbar, eine eigene, parallel zur normalen Steuerung aufgebaute Hardware einzusetzen, um die Zeitanforderungen zu erfüllen.

Um unter allen Umständen eine zielgerichtete Durchführung der Arbeitsaufgabe zu gewährleisten, ist es in speziellen Situationen erforderlich, Entscheidungen in übergeordnete Planungsebenen zu verlagern. Bild 21 zeigt hierzu beispielhaft in Erweiterung von Bild 3 den Rückfluß von Statusinformationen an das Bahnsteuerungsmodul bzw. höhere Ebenen. Solche Situationen sind z.B. dann gegeben, wenn eine Einschränkung der Bewegungen eines Roboters so erfolgt, daß er den vorgegebenen Zielpunkt nicht rechtzeitig oder gar nicht erreicht. Das kann durch

- Verzögerung der Bewegung in mindestens einer Achse oder
- Blockierung der Ziel-Achskonfiguration durch die Kollisionsvermeidung

geschehen. Nicht rechtzeitig bedeutet dabei, daß die Bahninterpolation den Zielpunkt des augenblicklichen Fahrbefehls erreicht hat und nun normalerweise auf das nächste

Bahnstück schalten würde. Wird dies tatsächlich durchgeführt, so arbeitet die Kollisionsvermeidung mit den Sollwerten der neuen Bahn weiter und der Roboter erreicht i.a. nicht den Zielpunkt des vorangegangenen Fahrbefehls. Soll dieser dennoch angefahren werden, so muß die Bahnsteuerung entweder solange die Kollisionsvermeidung mit diesem Sollwert versorgen, bis der Roboter ihn erreicht hat, oder sie muß dynamisch von der jeweils aktuellen Position eine neue Sollbahn zur eigentlichen Zielposition generieren.

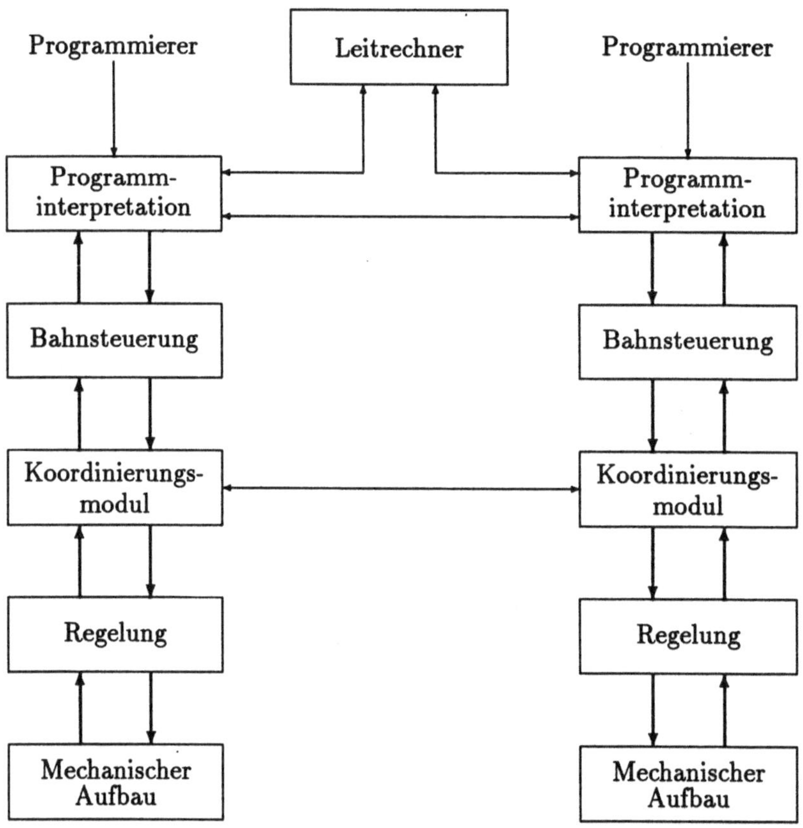

Bild 21: Erweiterte Struktur einer online-Koordinierung

Für den Fall, daß die Kollisionsvermeidung selbst nicht mehr durchführbar ist, etwa wenn

- Hardware-Anschläge in einzelnen Achsen erreicht werden,
- die Geschwindigkeit für die Vermeidung nicht ausreichend ist oder
- wenn in Mehrroboter-Systemen widersprüchliche Sollwerte für einen Roboter generiert werden (bei gleichzeitiger Kollisionsgefahr mit mehreren anderen Robotern)

muß ein entsprechender Status an die über der Kollisionsvermeidung liegenden Module gegeben werden, so daß alternative Strategien verfolgt werden können. Hier ist auch eine entsprechende Umgebung in der Programmiersprache wünschenswert, damit der Programmierer Einfluß auf das Verhalten in solchen Ausnahmesituationen nehmen kann. Dazu müßten die Programmiersprachen um entsprechende Sprachelemente (erlaube/verbiete Ausweichen, setze Priorität, frage Kollisionsstatus ab, setze Dringlichkeitsmeldung an Leitrechner ab ...) erweitert werden. Nur der Programmierer kann durch entsprechende Befehle im Programm festlegen, ob ein Punkt angefahren werden muß, ob eine Bahnabweichung zulässig ist, welche Zeitverzögerungen tolerierbar sind etc.

Ein Programm mit Ausdrucksmitteln zur Steuerung der Kollisionsvermeidung könnte wie folgt aussehen (rechts sind kurze Kommentare zur Bedeutung der Anweisungen):

`enable avoidance with priority = 4` : :	Vermeidung ein mit Priorität
`watch danger_of_collision: if > x then break` : :	Falls Gefahr: Notbremsung
`disable avoidance` : :	Ohne Vermeidung
`move with avoidance to p1` : :	Vermeidung für eine Bewegung
`if time_lag > 10 then continue`	Bei Verzögerung trotzdem weiter

Dies sind nur einige Möglichkeiten, um welche Sprachelemente eine Hochsprache zur Roboter-Programmierung erweitert werden könnte, um den speziellen Anfordernissen der Kollisionsvermeidung gerecht zu werden. Es wurde bewußt nicht der Bezug zu einer bestimmten Sprache hergestellt, denn jede zur Zeit verwendete Sprache wird eigene, ihrer Syntax angepaßte Konstrukte benötigen. Bei Neuentwicklungen wie der in der Normung befindlichen IRL (Industrial Robot Language) [7] wäre, um die Geschlossenheit des Sprachentwurfs zu wahren und sie bereits für die Anwendungsgebiete der kommenden Jahre auszustatten, die Berücksichtigung dieser Ausdrucksmittel wie auch solcher für den koordinierten Betrieb wünschenswert.

3.6 Simulationen von Mehrroboter-Systemen

Das in dieser Arbeit vorgestellte Verfahren wurde in MODULA-2 auf einer VAXstation 2000 implementiert und in eine Entwicklungsumgebung für Mehrroboter-Systeme eingebunden (Bild 22). In diesem Programmpaket können beliebig viele Roboter definiert und unter Berücksichtigung ihres dynamischen Verhaltens parallel simuliert werden. Es enthält Module zur Regelung sowie zur Punktsteuerung (Synchro-PTP) und Bahnsteuerung. Die Bewegungen sind sowohl numerisch als auch grafisch darstellbar.

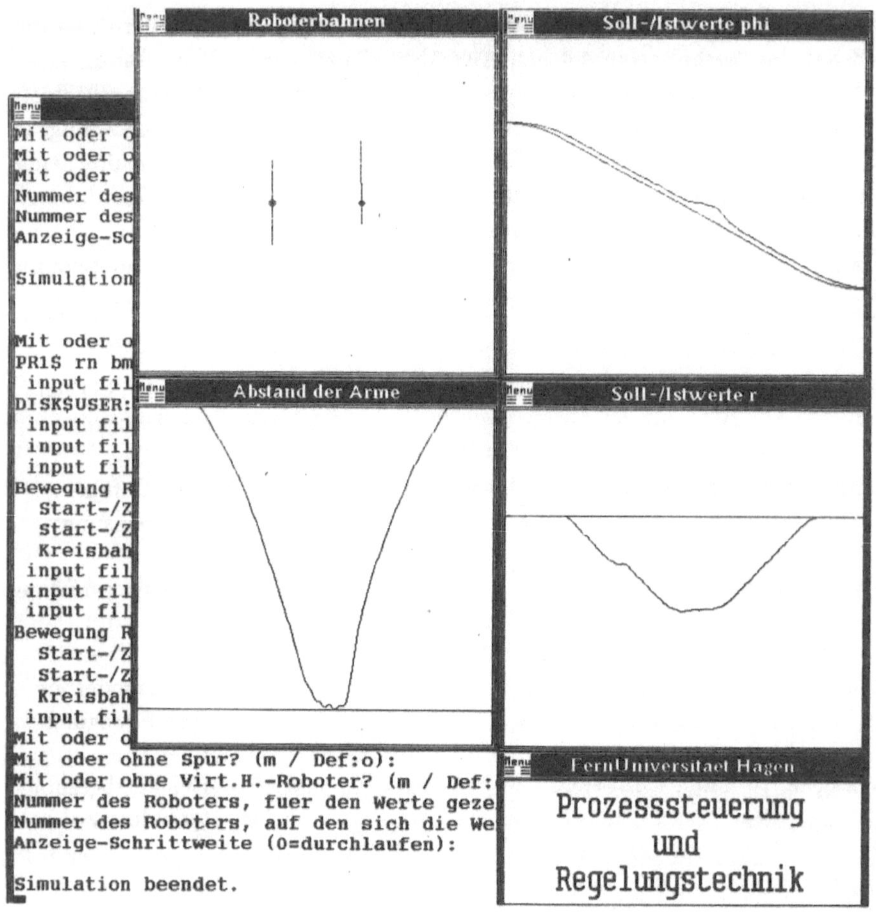

Bild 22: Bedienoberfläche der Entwicklungsumgebung

Für die folgenden Modellfälle wurde die im Anhang dargestellte Regelung mit nichtlinearer Entkopplung verwendet. Pro Gerät aus der Umgebung des Bezugsroboters werden auf dem oben genannten Rechner 9,2 Millisekunden CPU-Zeit benötigt. Damit ist die Anforderung nach Online-Fähigkeit der Algorithmen für zwei Roboter erfüllt. Sind mehr als zwei Geräte in der Umgebung des Bezugsroboters zu berücksichtigen, so ist die Anforderung bei nur einem zur Verfügung stehenden Prozessor genau dann erfüllt, wenn das Produkt aus der Anzahl der Geräte mit der Rechenzeit auf diesem Prozessor kleiner ist als ein Steuerungstakt. Ansonsten kann problemlos eine Parallelisierung erfolgen, indem die Berechnungen für je ein Paar k, j auf separaten Prozessoren ausgeführt werden. Lediglich der letzte Schritt, d.h. die Auswahl der Werte $\bar{\varphi}_j(t_n)$ und $\bar{r}_j(t_n)$ in (74)–(95), muß sequentiell erfolgen. Die folgenden Simulationen zeigen exemplarisch die Wirkungsweise und Anwendbarkeit des Verfahrens in Systemen mit mehreren Robotern bzw. Robotern und peripheren Geräten. Zunächst wird die erste Strategie, das gleichberechtigte Ausweichen aller Roboter, vorgestellt. Daran anschließend werden Beispiele für die bedingte und die unbedingte Prioritätssteuerung gezeigt. Abschließend wird die Kollisionsvermeidung mit einem ortsfesten Hindernis dargestellt.

3.6.1 Mehrroboter-System ohne Prioritätssteuerung

Das erste Beispiel geht von einem aus zwei Robotern bestehenden System aus. Dieses wird dann auf drei bzw. vier Roboter erweitert. Die Positionen und Sollbahnen der Roboter werden zum Vergleich auch in den Simulationen der beiden anderen Strategien benutzt.

In Bild 23a sind die programmierten Bahnen zweier Roboter in der Projektion auf die xy-Grundebene dargestellt. Wie auch in den weiteren Bildern ist die Startstellung der nach (6)–(9) relevanten Armteile der dritten Achsen als durchgezogene Linie von der ersten Achse aus dargestellt. Die Endstellung ist entsprechend gestrichelt markiert. Zur Verdeutlichung des Bewegungsablaufs sind zusätzlich die Bahnen der relevanten Endpunkte der dritten Achsen in der xy-Ebene aufgezeichnet. In diesem Bild ist der Roboter 1 an der Position (−1,0) und der Roboter 2 an der Position (1,0). In Bild 23b sind die Armstellungen gezeigt, die bei der Durchführung der programmierten Bewegung zum Zeitpunkt t = 0,952 sec zu einer Kollision führen. Bild 23c zeigt die Armstellungen zum selben Zeitpunkt bei Kollisionsvermeidung. Das Bild 23d stellt die vollständigen Bahnen der Endpunkte mit dem gleichberechtigt durchgeführten Algorithmus zur Kollisionsvermeidung dar. In den Bildern 23e und 23f sind die Soll- sowie die Istwerte für die erste bzw. dritte Achse der beiden Roboter dargestellt. Deutlich sind die Ausweichbewegungen in den dritten Achsen zu sehen, der Roboter 2 verlangsamt lediglich geringfügig die Geschwindigkeit der ersten Achse. Beide Roboter erreichen in der vorgegebenen Zeit ihre Zielwerte. Das Bild 23g zeigt schließlich den minimalen Abstand der Arme während der kollisionsfreien Bewegung. Der nach Anhang B eingestellte Sicherheitsabstand von 0,2 m (pro Roboter 0,1 m) wird nicht unterschritten.

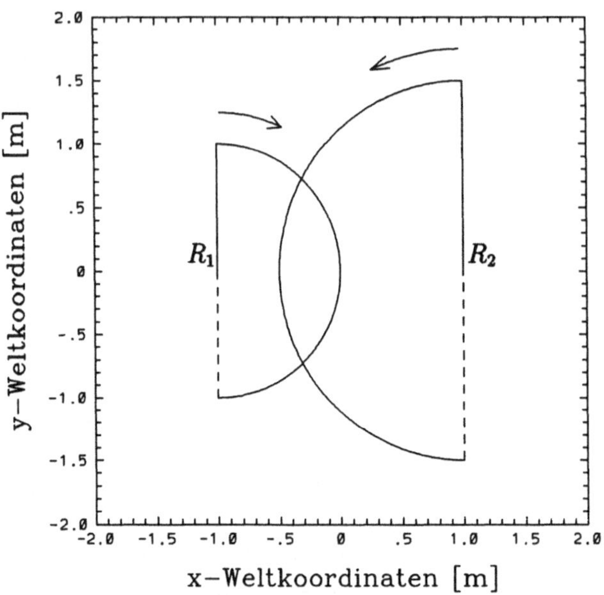

a) Programmierte Bahnen in der xy-Ebene

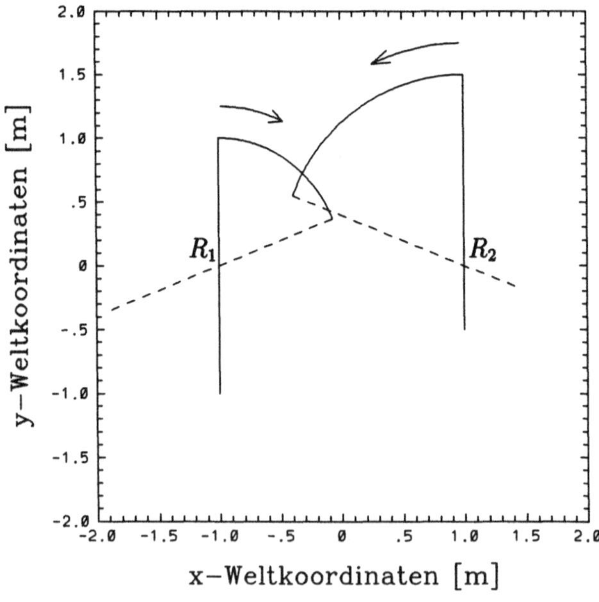

b) Kollision bei programmierter Bewegung (t=0,952)

Bild 23: Beispiel mit zwei Robotern (gleichberechtigt)

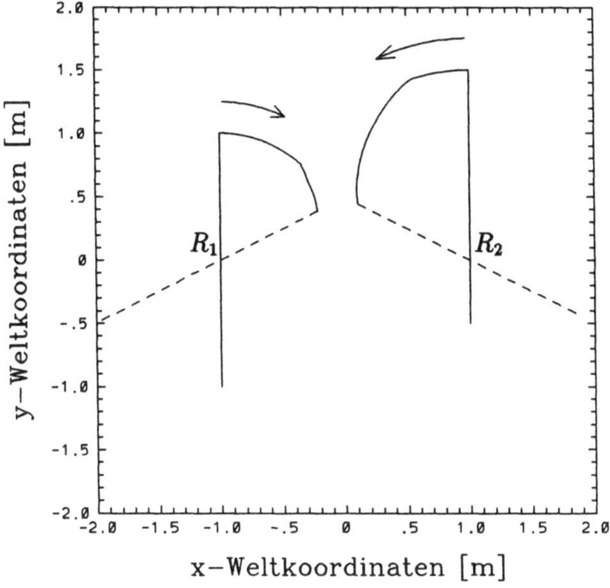

c) Kollisionsfreie Bahnen bis zur Zeit t=0,952

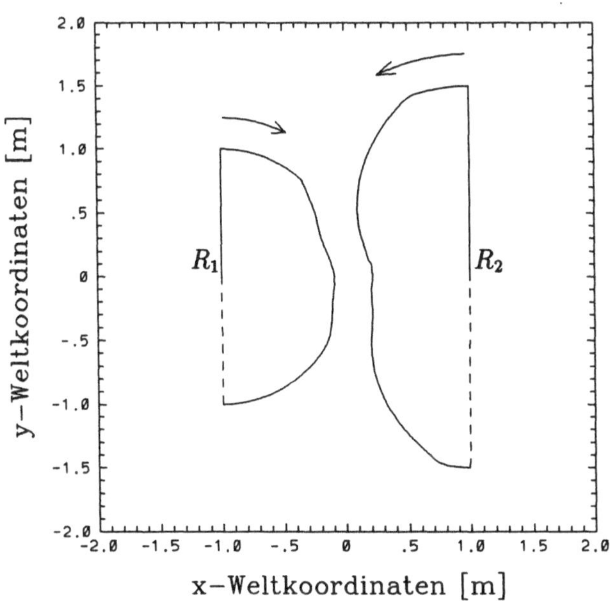

d) Kollisionsfreie Bahnen bis zum Zielpunkt

Beispiel mit zwei Robotern (gleichberechtigt)

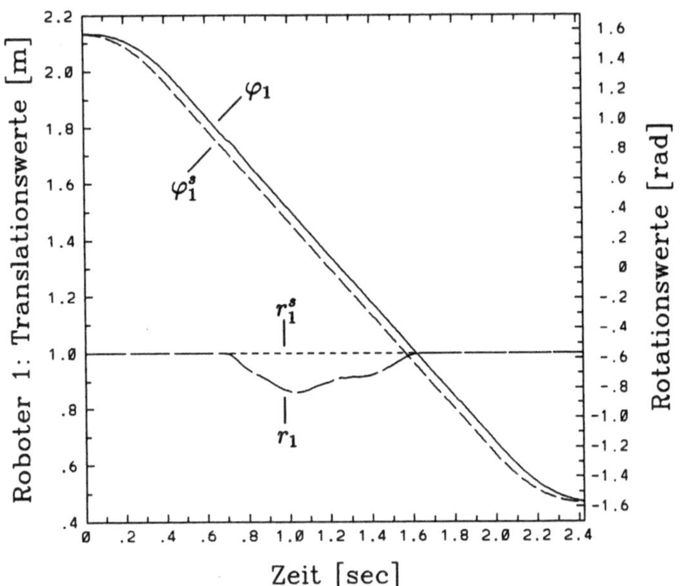

e) Achsverläufe über die Zeit (Roboter 1)

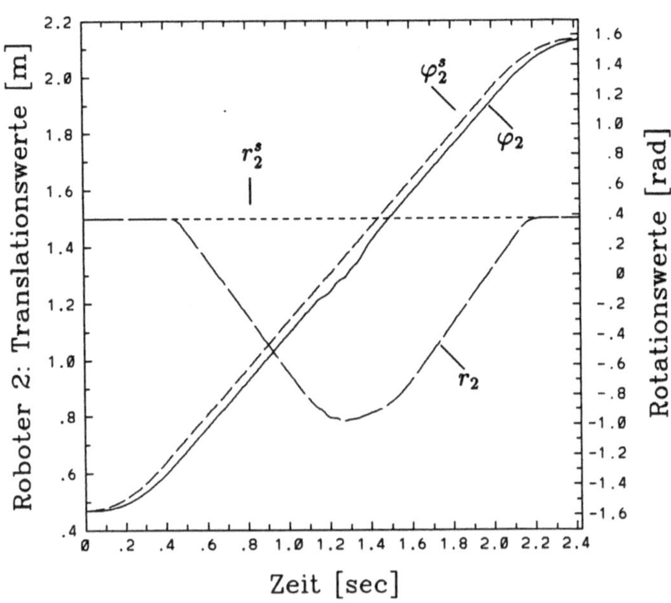

f) Achsverläufe über die Zeit (Roboter 2)

Beispiel mit zwei Robotern (gleichberechtigt)

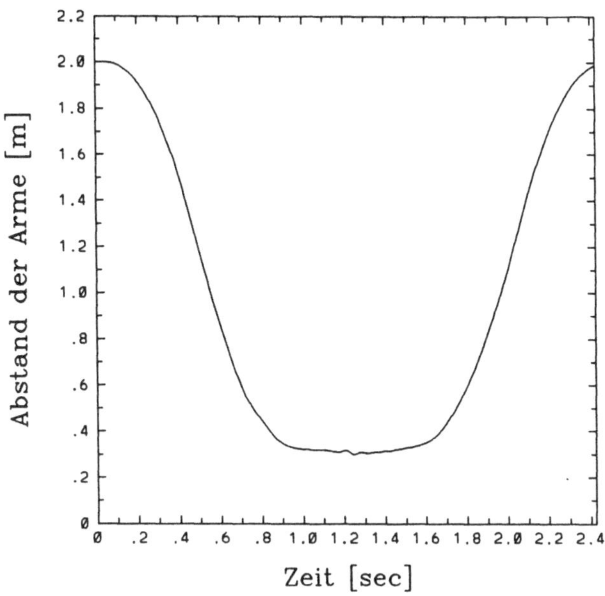

g) Abstand der Arme über die Zeit

Beispiel mit zwei Robotern (gleichberechtigt)

Die Bilder 24a–h zeigen das Verfahren an einem Beispiel mit drei Robotern. Bild 24a stellt wiederum die Sollbahnen mit den Start- und Zielstellungen dar. Der Roboter 1 hat die Position (−2,0), der Roboter 2 die Position (0,0) und der Roboter 3 die Position (2,0). Durch die beidseitig aus der Drehachse ragende dritte Achse kommt es zum Zeitpunkt t = 1,808 sec bei der programmierten Bahn zu Kollisionen sowohl zwischen den Robotern 1 und 2 als auch zwischen den Robotern 2 und 3 (Bild 24b). In diesem Fall hätte ein Teleskoparm bzw. eine vertikale Knickarmkonstruktion für den Roboter 2 den Vorteil, daß zumindest der Roboter 1 ungehindert seine originale Sollbahn fahren könnte. Bild 24c zeigt die Bahnen mit Kollisionsvermeidung bis zur Zeit t = 1,808 sec. In Bild 24d sind die vollständigen Bahnen der relevanten Endpunkte in der xy-Ebene bei Kollisionsvermeidung mit Gleichberechtigung dargestellt. Die exakten Soll- und Istwerte der ersten und dritten Achsen für die drei Roboter sind in den Bildern 24e–g gezeigt. In den Bildern 24d und 24f sind für den Roboter 2 auch starke Ausweichbewegungen in der ersten Achse zu erkennen, er dreht zurück, um das Ausweichen in der dritten Achse zu unterstützen. Die minimalen Abstände der Arme bei Kollisionsvermeidung sind jeweils paarweise über die Zeit in Bild 24h dargestellt. Auch in diesem Beispiel erreichen alle Roboter rechtzeitig ihre Zielpositionen und die Sicherheitsabstände werden nicht unterschritten.

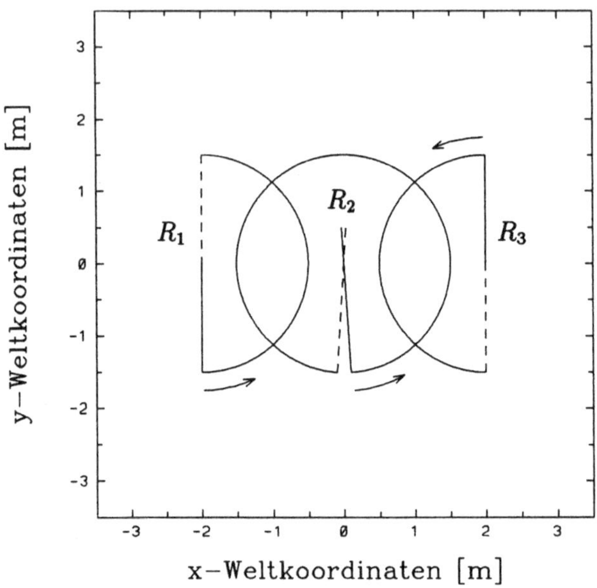

a) Programmierte Bahnen in der xy-Ebene

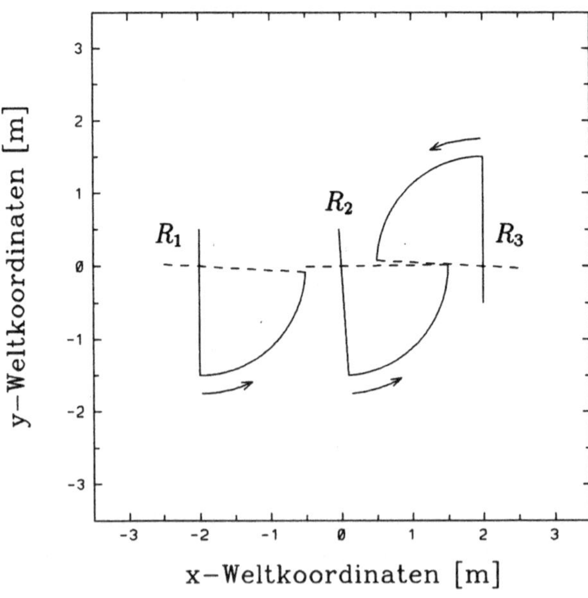

b) Kollision bei programmierter Bewegung (t=1,808)

Bild 24: Beispiel mit drei Robotern (gleichberechtigt)

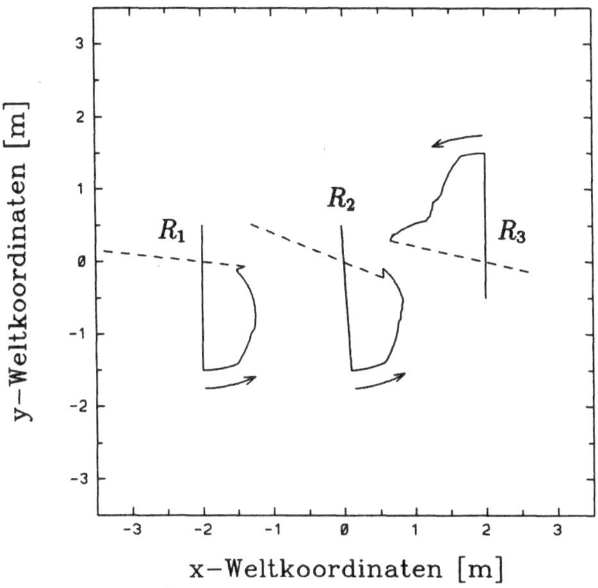

c) Kollisionsfreie Bahnen bis zur Zeit t=1,808

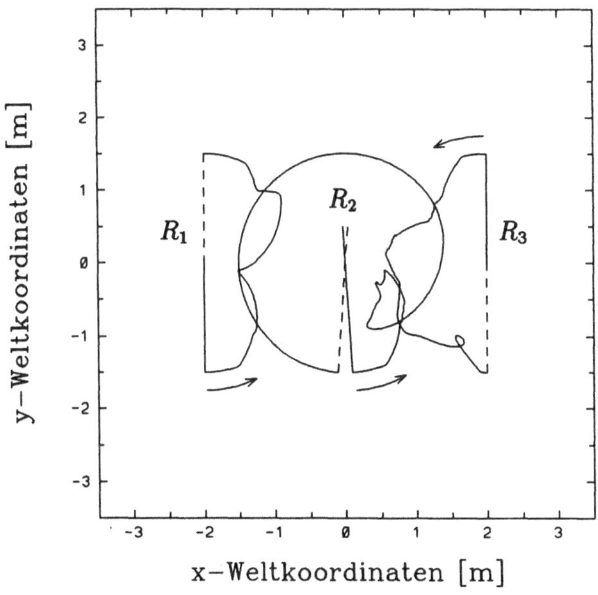

d) Kollisionsfreie Bahnen bis zum Zielpunkt

Beispiel mit drei Robotern (gleichberechtigt)

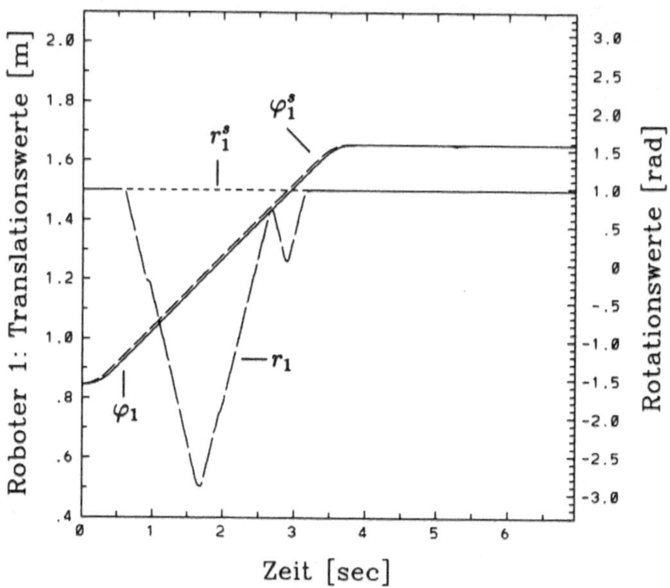

e) Achsverläufe über die Zeit (Roboter 1)

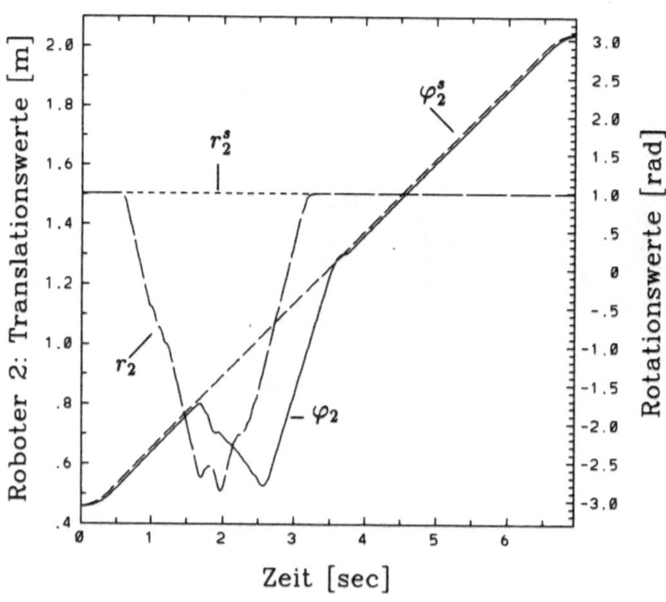

f) Achsverläufe über die Zeit (Roboter 2)

Beispiel mit drei Robotern (gleichberechtigt)

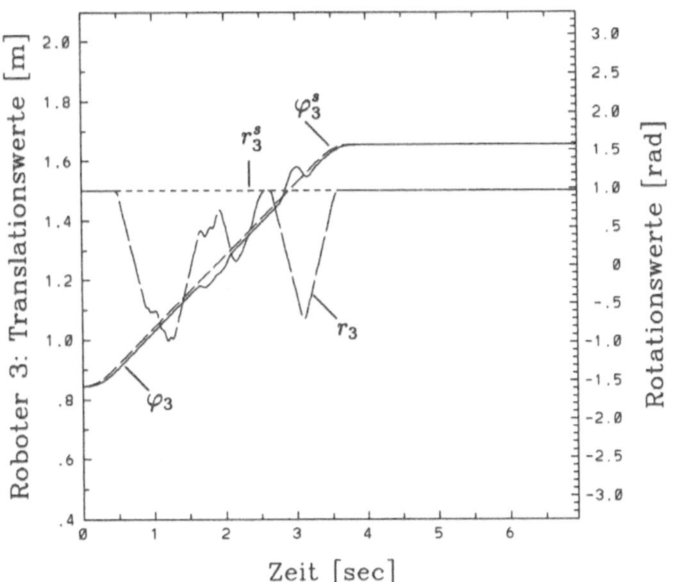

g) Achsverläufe über die Zeit (Roboter 3)

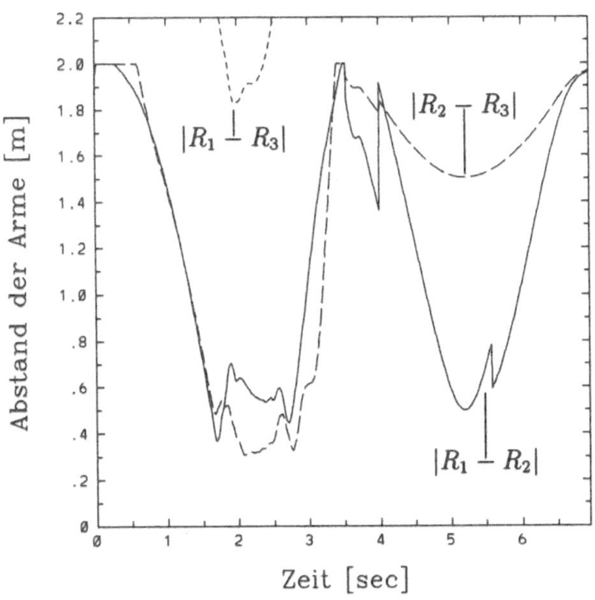

h) Abstände der Arme über die Zeit

Beispiel mit drei Robotern (gleichberechtigt)

Als weitere Simulation mit gleichberechtigter Ausweichstrategie wird in den Bildern 25a–f die Kollisionsvermeidung zwischen vier Robotern gezeigt. Bild 25a stellt wieder die Sollbahnen mit den Anfangs- und Endstellungen dar. Der Roboter 1 hat die Position (−1,1), der Roboter 2 die Position (−1,−1), der Roboter 3 die Position (1,1) und der Roboter 4 schließlich (1,−1). In Bild 25b sind die Armstellungen zur Zeit t = 2,0 sec gezeigt, bei Durchführung der programmierten Bewegungen findet zu diesem Zeitpunkt eine Kollision zwischen allen beteiligten Robotern statt. Bild 25c zeigt die Bahnen ebenfalls bis zu dieser Zeit, allerdings mit Kollisionsvermeidung. Die vollständigen vom Algorithmus veränderten Bahnen sind in Bild 25d zu sehen. Die Bahnen sind trotz der programmierten Symmetrie der Bewegungen verschieden, weil die einzelnen Steuerungen der Roboter zu unterschiedlichen Zeiten den Zustand des Systems abtasten. Auch hier findet wieder ein zeitweiliges Zurückdrehen der ersten Achsen statt. Die Abstände der Arme bei Fahrt mit Kollsionsvermeidung sind in den Bildern 25e und 25f jeweils paarweise aufgetragen, und zwar in 25e für den Roboter 1 bezüglich der Roboter 2, 3 und 4 und in 25f für die Abstände zwischen den Robotern 2, 3 und 4.

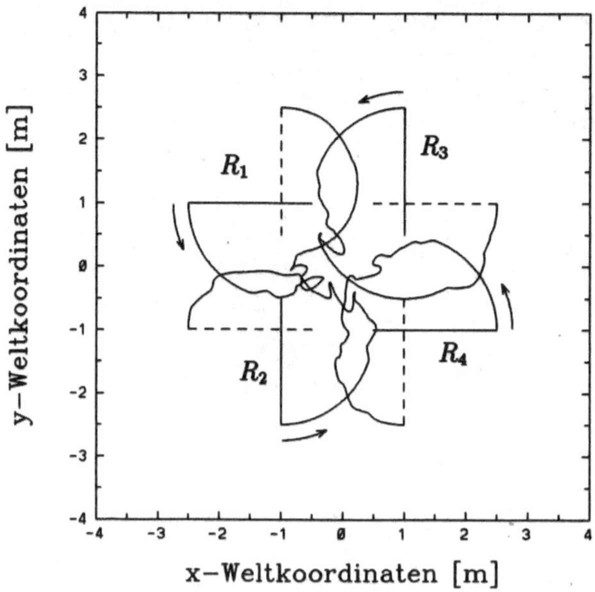

a) Programmierte Bahnen in der xy-Ebene

Bild 25: Beispiel mit vier Robotern (gleichberechtigt)

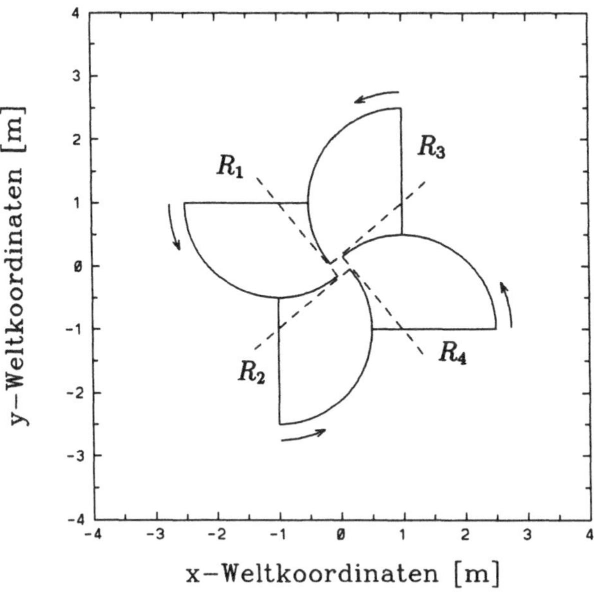

b) Kollision bei programmierter Bewegung (t=2,0)

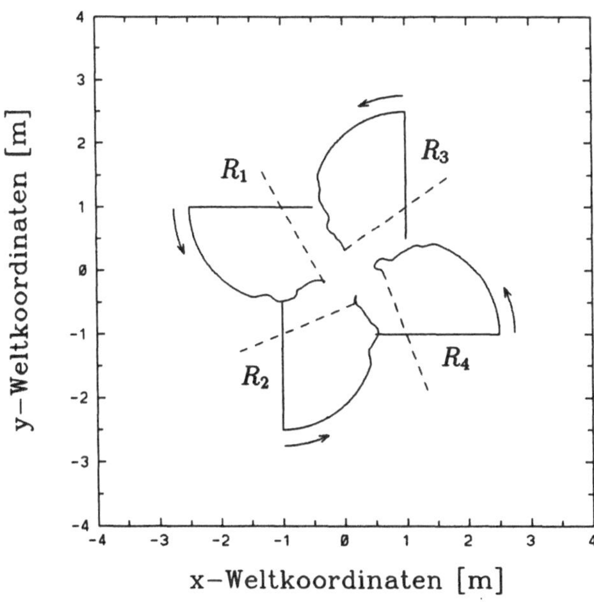

c) Kollisionsfreie Bahnen bis zur Zeit t=2,0

Beispiel mit vier Robotern (gleichberechtigt)

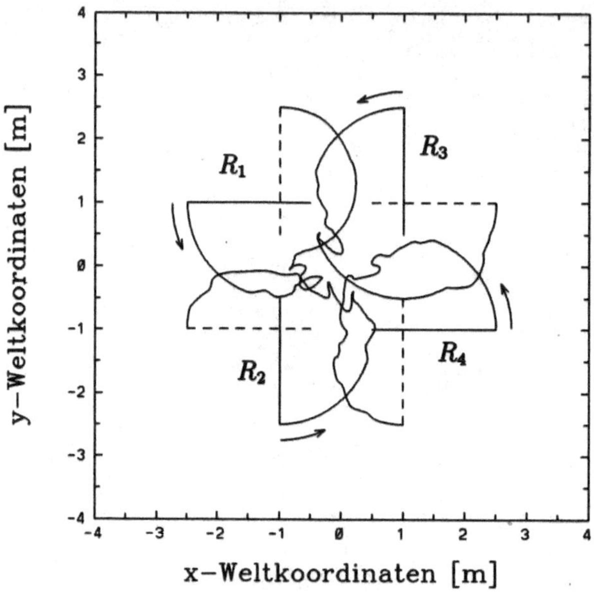

d) Kollisionsfreie Bahnen bis zum Zielpunkt

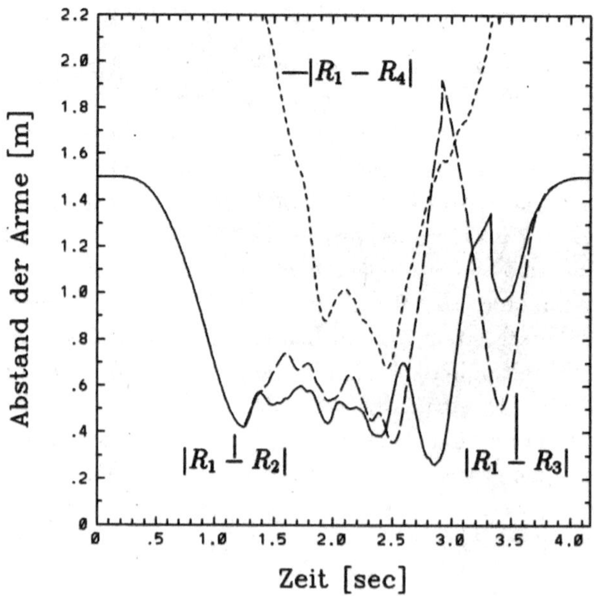

e) Abstände der Arme über die Zeit

Beispiel mit vier Robotern (gleichberechtigt)

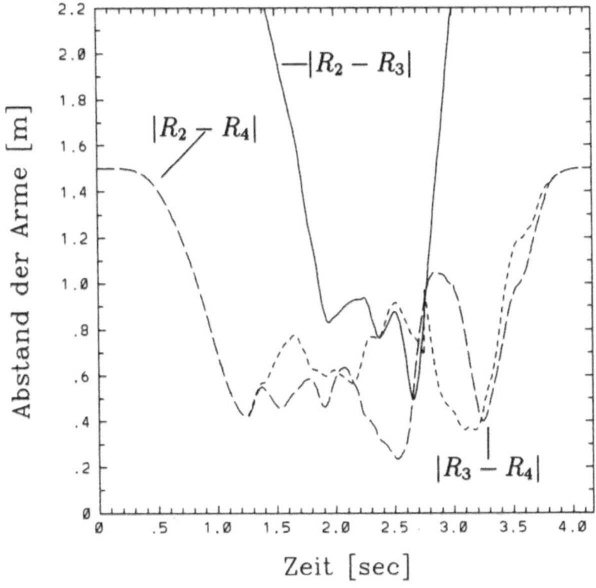

f) Abstände der Arme über die Zeit

Beispiel mit vier Robotern (gleichberechtigt)

3.6.2 Mehrroboter-System mit bedingter Prioritätssteuerung

Für die Simulationen dieses Abschnitts werden die Konfigurationen des vorangegangenen zugrundegelegt. Die Bilder 26a–e beziehen sich auf die im Bild 23a dargestellten Positionen und programmierten Bahnen der Roboter. Im vorliegenden Beispiel wurden jedoch Prioritäten gesetzt, und zwar ist der Roboter 2 dem Roboter 1 ausweichpflichtig. Das Bild 26a zeigt die Bahnen der relevanten Endpunkte der dritten Achsen mit dieser Vorgehensweise bis zur Zeit t = 0,952 sec. Bild 26b stellt die vollständigen Bahnen bis zum Zielpunkt dar. Die Bilder 26c und 26d zeigen die Soll- und Istkurven der ersten und dritten Achsen der beiden Roboter. Der Vergleich der Bilder 26c–e mit den entsprechenden Bildern 23d–f bei gleichberechtigtem Ausweichen läßt hier ein späteres und schwächeres Ausweichen des Roboters mit höherer Priorität erkennen. Die Zielpositionen werden zur vorgegebenen Zeit erreicht. Das Bild 26e stellt den minimalen Abstand der Arme bei Fahrt mit Kollisionsvermeidung dar. Der Sicherheitsabstand wird auch bei dieser Strategie eingehalten. Durch die gegenseitige Reaktion beim Ausweichen kommt es zu einer leichten Schwingung des Abstands. Wie aus den Achswerten ersichtlich ist, sind dort die entsprechenden Bewegungen jedoch von geringerer Amplitude.

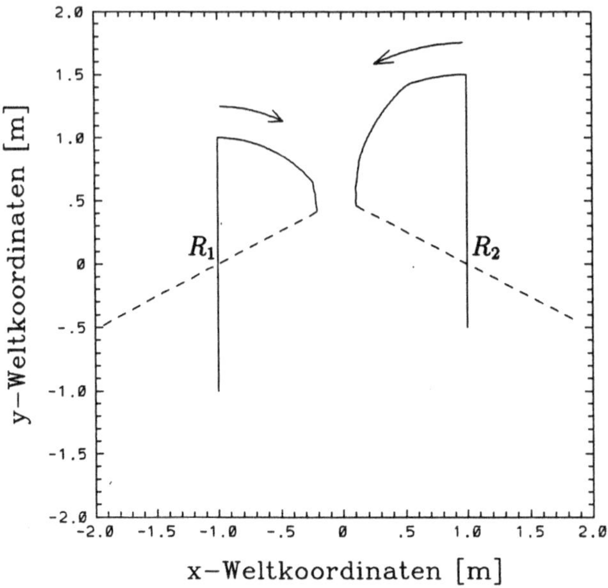

a) Kollisionsfreie Bahnen bis zur Zeit t=0,952

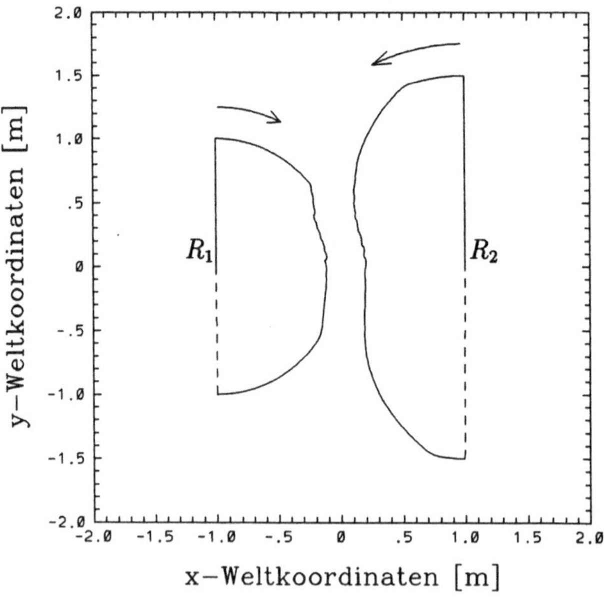

b) Kollisionsfreie Bahnen bis zum Zielpunkt

Bild 26: Beispiel mit zwei Robotern (bedingte Prioritäten)

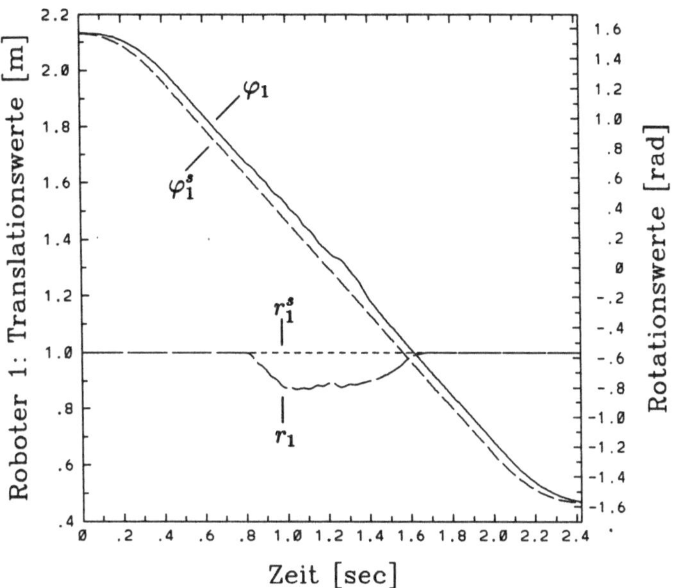

c) Achsverläufe über die Zeit (Roboter 1)

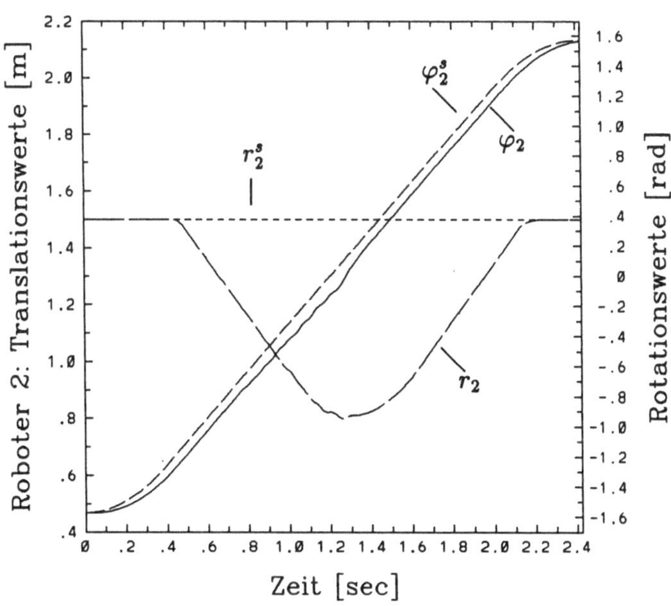

d) Achsverläufe über die Zeit (Roboter 2)

Beispiel mit zwei Robotern (bedingte Prioritäten)

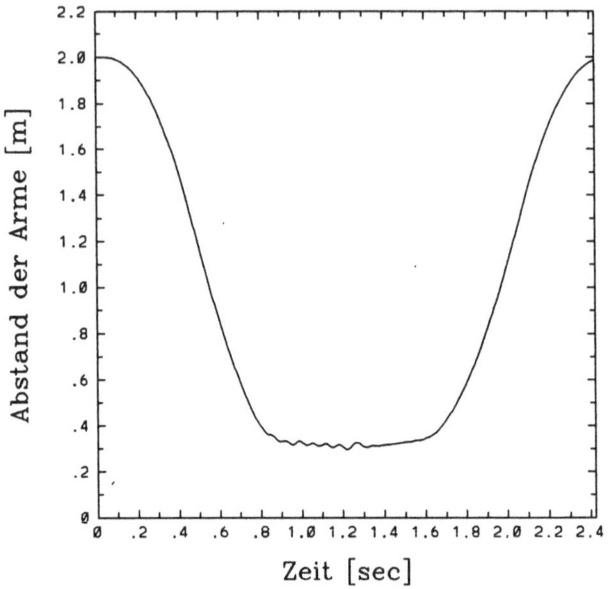

e) Abstand der Arme über die Zeit

Beispiel mit zwei Robotern (bedingte Prioritäten)

Auch in der folgenden Simulation, die sich auf die in Bild 24a dargestellten Sollbahnen dreier Roboter bezieht, wurden Prioritäten gesetzt. Die höchste Priorität wurde für den Roboter 1 und die niedrigste für den Roboter 2 vergeben. Das Bild 27a zeigt die resultierenden Bahnen der relevanten Endpunkte der dritten Achsen in der xy-Ebene bis zur Zeit t = 1,808 sec. Bild 27b stellt die vollständigen Bahnen bis zum Zielpunkt dar. Durch die Strategie des nur bedingten Festhaltens an den Vorrang-Regeln kommt es auch bei den bevorrechtigten Robotern zu Ausweichbewegungen. Diese sind jedoch, wie ein Vergleich der Bilder 27c–e mit den entsprechenden Bildern 24e–g des Verfahrens mit gleichberechtigter Kollisionsvermeidung zeigt, wesentlich geringer. Sollen die Bahnen der Roboter mit höherer Priorität noch weniger geändert werden, so ist entweder die unbedingte Prioritätssteuerung anzuwenden, oder das in (86) beschriebene Kriterium für das Eingreifen des Algorithmus' in die Bahn eines bevorrechtigten Roboters ist strenger zu fassen. Bild 27f zeigt schließlich jeweils paarweise die minimalen Abstände der Roboter über die Zeit. Wiederum werden die Sicherheitsabstände eingehalten und die Zielpositionen wie programmiert erreicht.

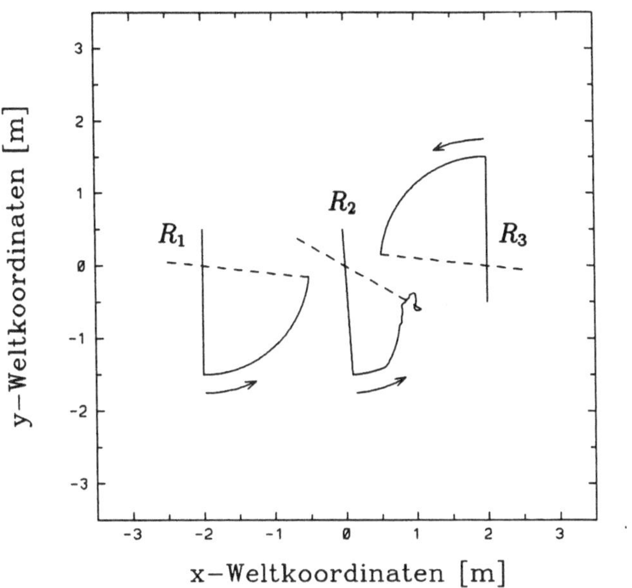

a) Kollisionsfreie Bahnen bis zur Zeit t=1,808

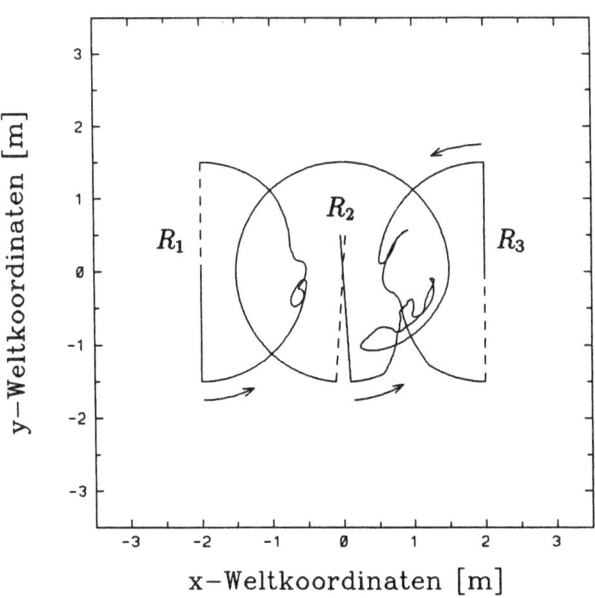

b) Kollisionsfreie Bahnen bis zum Zielpunkt

Bild 27: Beispiel mit drei Robotern (bedingte Prioritäten)

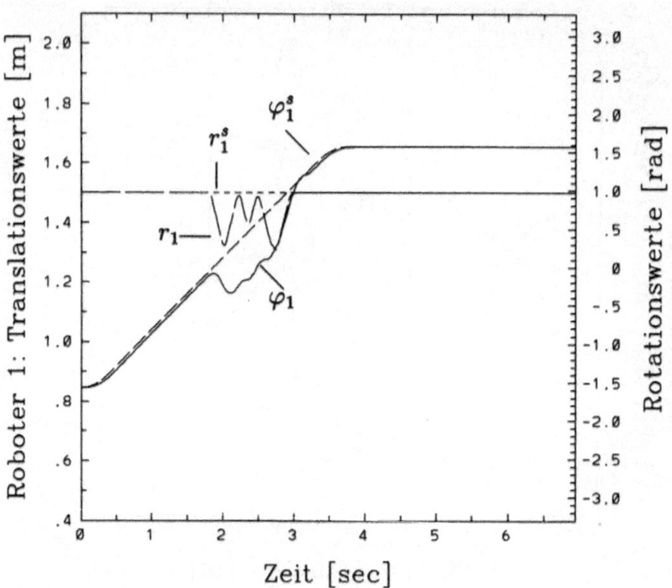

c) Achsverläufe über die Zeit (Roboter 1)

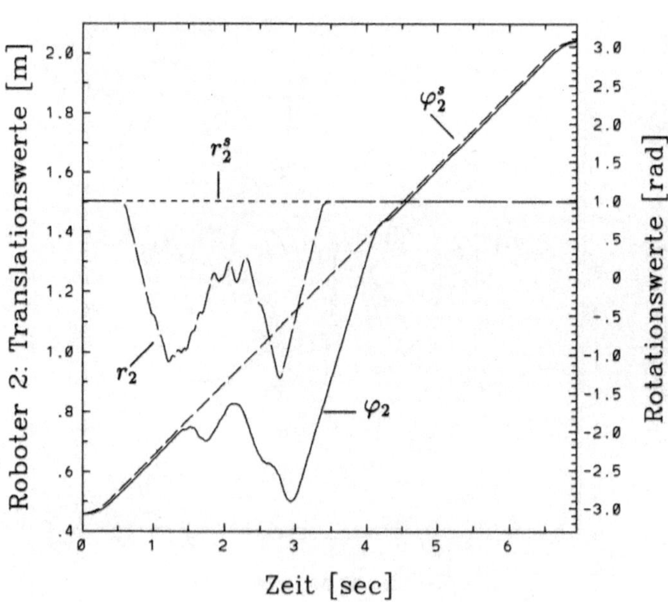

d) Achsverläufe über die Zeit (Roboter 2)

Beispiel mit drei Robotern (bedingte Prioritäten)

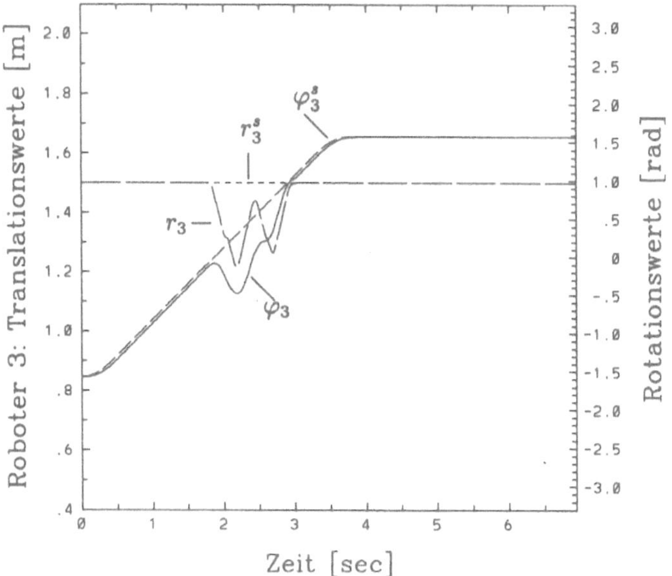

e) Achsverläufe über die Zeit (Roboter 3)

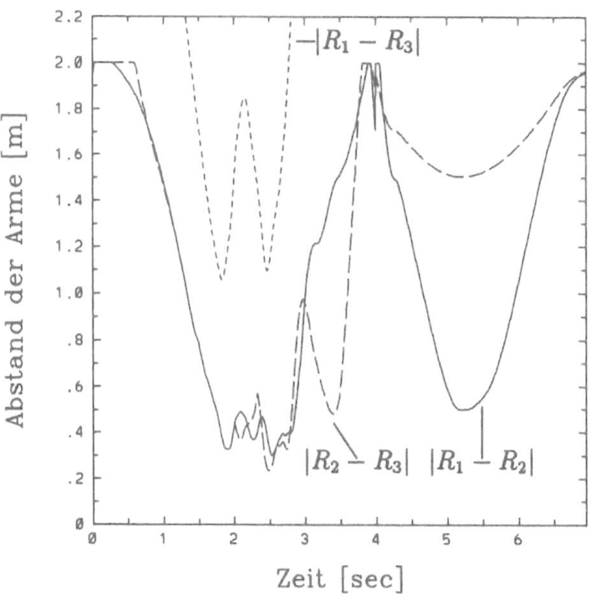

f) Abstände der Arme über die Zeit

Beispiel mit drei Robotern (bedingte Prioritäten)

Die Bilder 28a–d beziehen sich als drittes Beispiel für das Ausweichen mit bedingter Prioritätensteuerung in entsprechender Weise auf die Aufstellung und Bewegungsprogramme der vier Roboter aus Bild 25a. Der Roboter 1 hat die höchste Priorität, der Roboter 2 die zweite, der Roboter 3 die dritte und der Roboter 4 die niedrigste Priorität. Auch hier sind, wie im vorangegangenen Beispiel, die Ausweichbewegungen deutlich geringer als bei der gleichberechtigten Strategie. Bild 28a zeigt die Bahnen bis zur Zeit der Kollision bei der programmierten Bewegung, t = 2,0 sec. Der Vergleich der sich entsprechenden Bilder 25d und 28b läßt dies leicht erkennen. Im Bild 28c ist der Verlauf der Abstände der Roboter 2, 3 und 4 zum Roboter 1 und im Bild 28d der Verlauf der Abstände der Roboter 2, 3 und 4 untereinander über der Zeit dargestellt. Auch hier wird die nach Anhang B eingestellte Sicherheit von 0,1 m pro Roboter eingehalten.

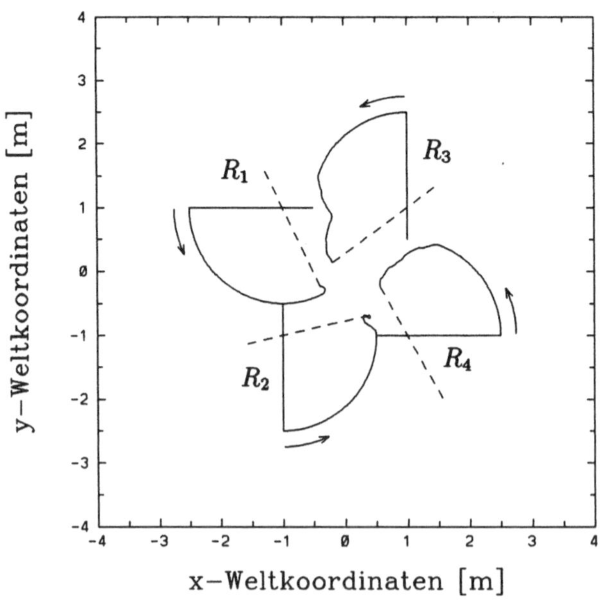

a) Kollisionsfreie Bahnen bis zur Zeit t=2,0

Bild 28: Beispiel mit vier Robotern (bedingte Prioritäten)

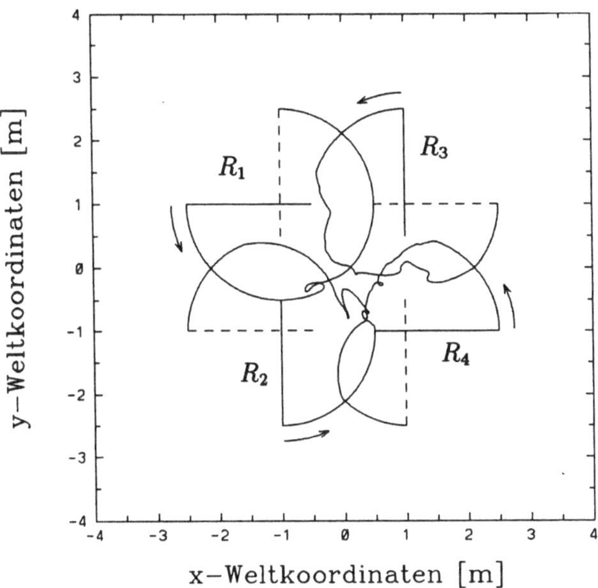

b) Kollisionsfreie Bahnen bis zum Zielpunkt

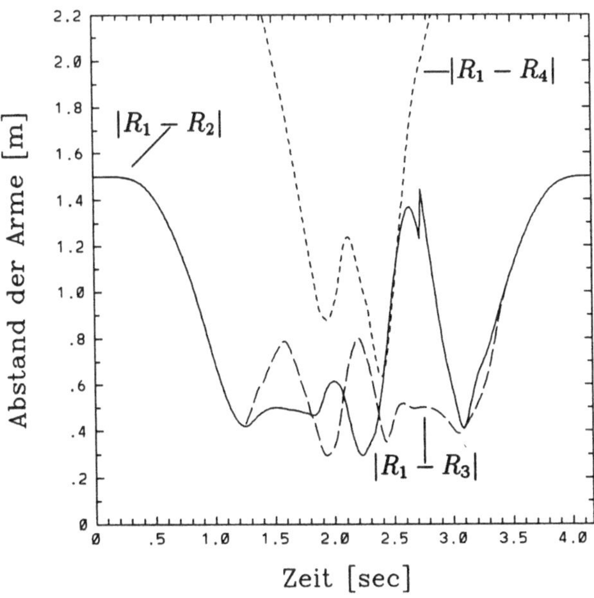

c) Abstände der Arme über die Zeit

Beispiel mit vier Robotern (bedingte Prioritäten)

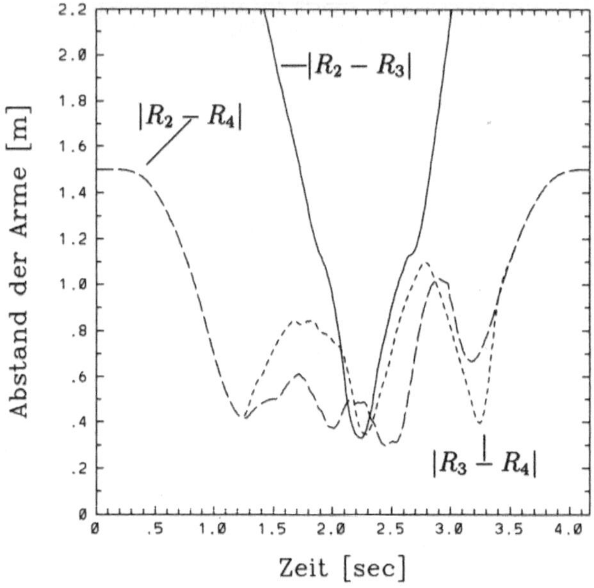

d) Abstände der Arme über die Zeit

Beispiel mit vier Robotern (bedingte Prioritäten)

3.6.3 Mehrroboter-System mit unbedingter Prioritätssteuerung

Die folgenden beiden Simulationen stellen die Ausweichstrategie mit unbedingter Prioritätssteuerung dar. Sie greifen die bereits in den Abschnitten 3.6.1 und 3.6.2 benutzten Konstellationen auf. Zunächst wird in den Bildern 29a–e gezeigt, wie bei den Sollbahnen aus Bild 23a für zwei Roboter eine Kollisionsvermeidung durchgeführt wird, wenn der Roboter 1 unverändert fahren soll. Das Bild 29a stellt die Bahnen der beiden Roboter in der xy-Ebene bis zur Zeit t = 0,952 sec dar, das Bild 29b die vollständigen Bahnen bis zum Zielpunkt. Die Bahnform für den Roboter 1 ist nicht verändert. Bild 29c zeigt, daß auch keine zeitliche Abweichung von der programmierten Bahn stattgefunden hat (die Differenz zwischen φ_1^s und φ_1 ist der Schleppabstand). In Bild 29d sind die Soll- und Istwerte der ersten und dritten Achse des Roboters 2 aufgezeichnet. Der Vergleich mit den entsprechenden Bildern 23f und 26d zeigt eine stärkere Ausweichbewegung der dritten Achse, die das Nicht-Ausweichen des Roboters 1 kompensiert. Das Bild 29e stellt den Verlauf des Abstands der Arme dar, der Sicherheitsabstand wird eingehalten. Der Roboter 2 erreicht trotz Kollisionsvermeidung zur vorgesehenen Zeit seine programmierte Zielposition.

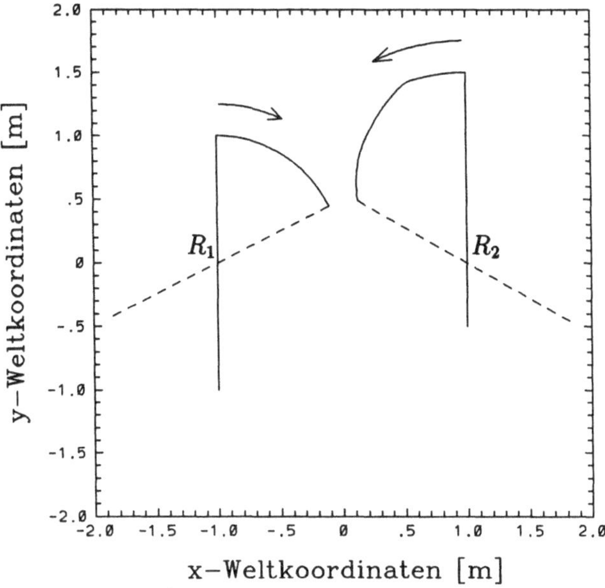

a) Kollisionsfreie Bahnen bis zur Zeit t=0,952

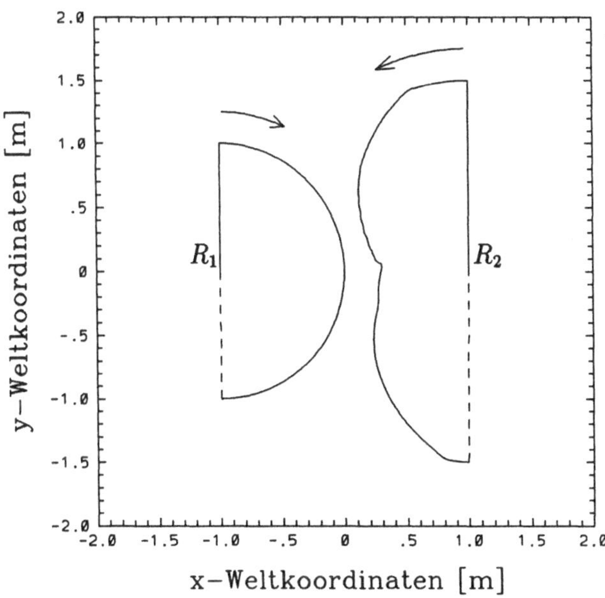

b) Kollisionsfreie Bahnen bis zum Zielpunkt

Bild 29: Beispiel mit zwei Robotern (unbedingte Prioritäten)

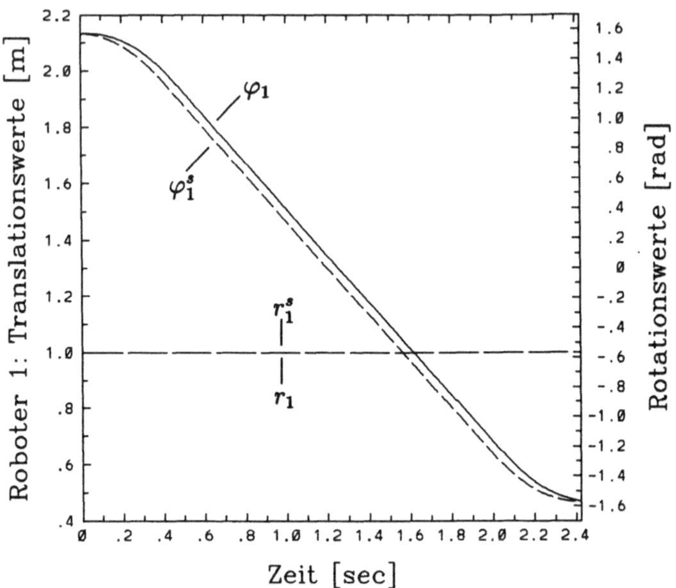

c) Achsverläufe über die Zeit (Roboter 1)

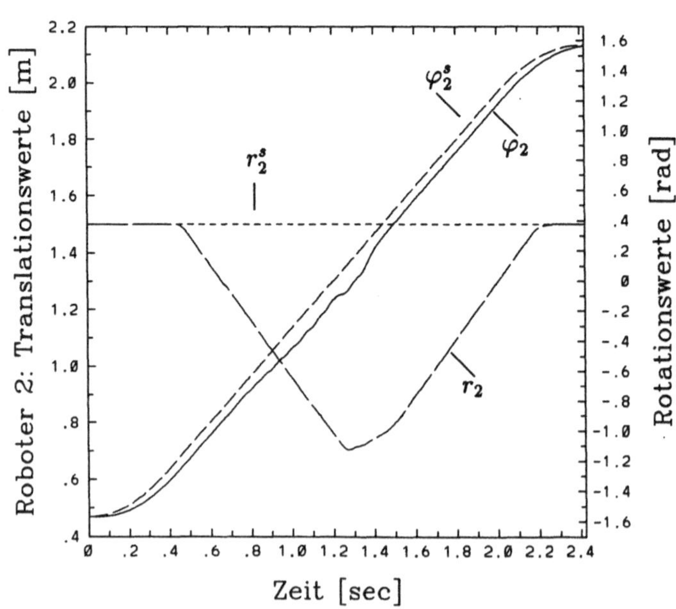

d) Achsverläufe über die Zeit (Roboter 2)

Beispiel mit zwei Robotern (unbedingte Prioritäten)

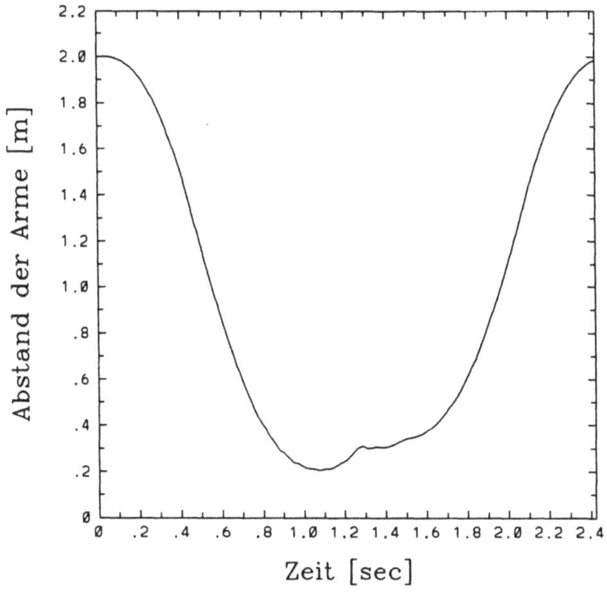

e) Abstand der Arme über die Zeit

Beispiel mit zwei Robotern (unbedingte Prioritäten)

Das zweite Beispiel mit der unbedingten Einhaltung der vorgegebenen Prioritäten bezieht sich auf die Sollbahnen für drei Roboter aus Bild 24a. Hier hat der Roboter 2 die höchste und der Roboter 3 die niedrigste Priorität. Wie an den Bahnen der Endpunkte der dritten Achsen in der xy-Ebene im Bild 30d zu erkennen ist, bleibt die Bahnform des Roboters 2 unverändert. Gegenüber der gleichberechtigten Strategie (Bilder 24d und 24g) fällt die Ausweichbewegung des Roboters 3 entsprechend stärker aus (Bild 30e). Die Bahn des Roboters 1 dagegen (Bild 30c) wird geringer beeinflußt (Bilder 30d und 30e), da die dritte Achse des Roboters 2 hier nicht zurückzieht und damit die Kollisionsgefahr zwischen diesen beiden Robotern schwächer ist. Wären Teleskop- oder vertikale Knickarme eingesetzt worden, so hätten beide ihre Bahnen unverändert fahren können. Das Bild 30f zeigt den Verlauf der Abstände der drei Roboter über die Zeit. Auch hier werden die Sicherheitszonen nicht verletzt. Alle Roboter erreichen zur vorgesehenen Zeit ihre Zielpositionen.

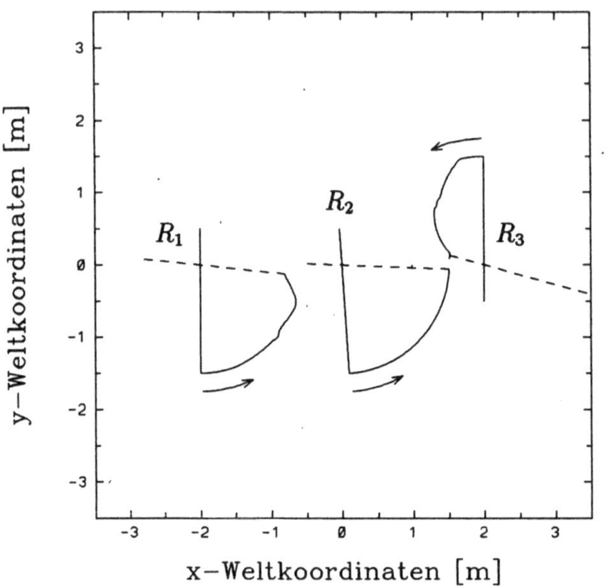

a) Kollisionsfreie Bahnen bis zur Zeit t=1,808

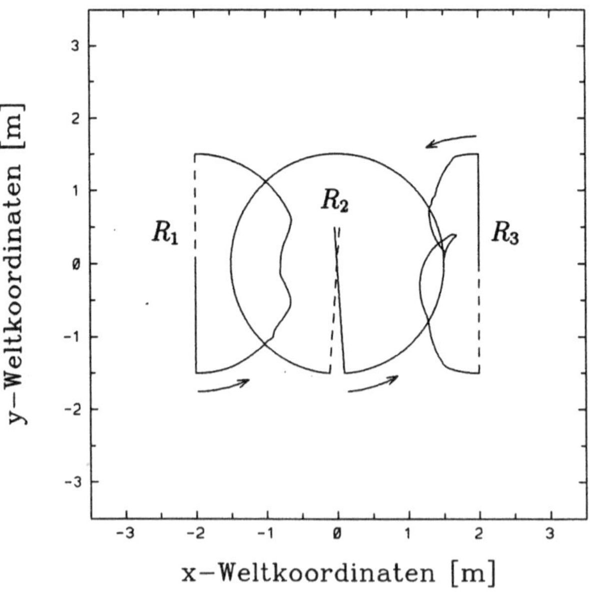

b) Kollisionsfreie Bahnen bis zum Zielpunkt

Bild 30: Beispiel mit drei Robotern (unbedingte Prioritäten)

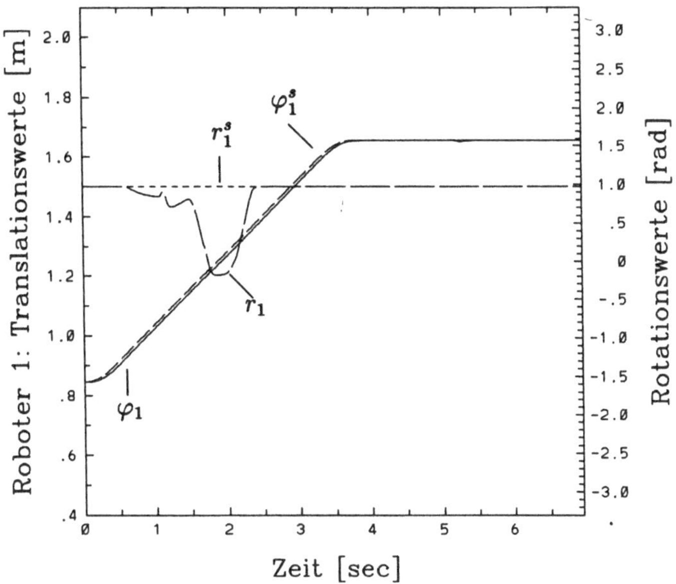

c) Achsverläufe über die Zeit (Roboter 1)

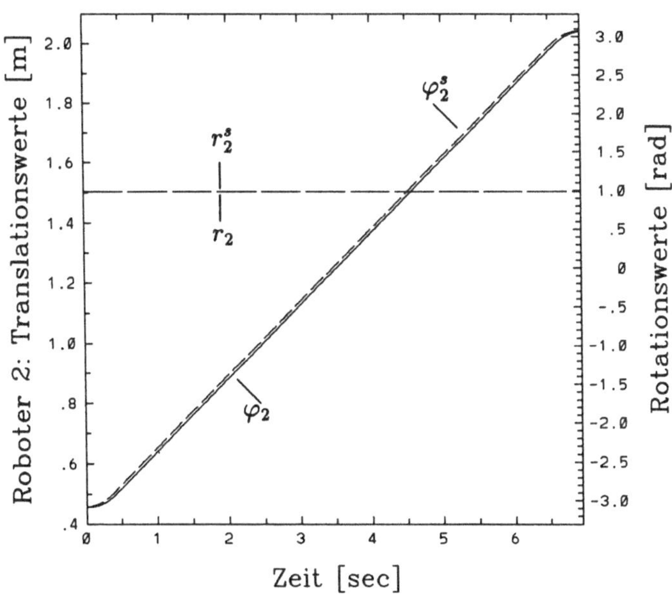

d) Achsverläufe über die Zeit (Roboter 2)

Beispiel mit drei Robotern (unbedingte Prioritäten)

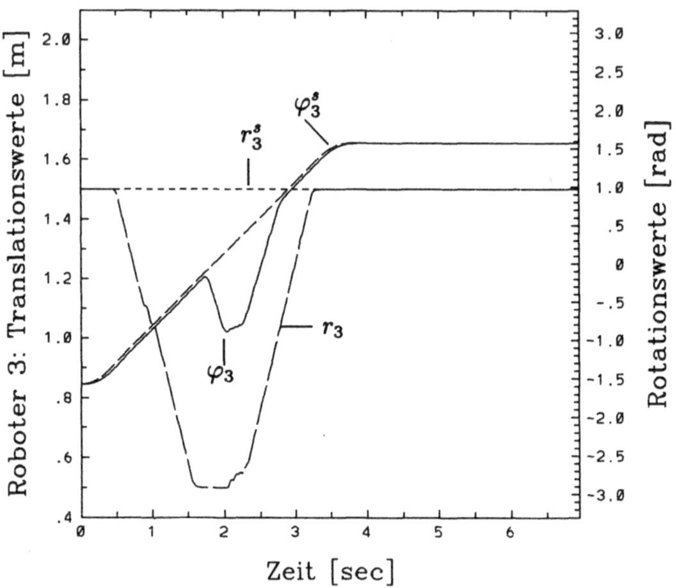

e) Achsverläufe über die Zeit (Roboter 3)

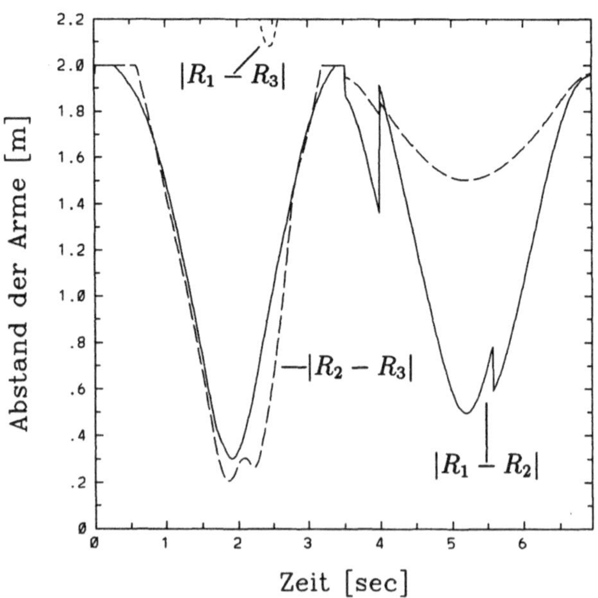

f) Abstände der Arme über die Zeit

Beispiel mit drei Robotern (unbedingte Prioritäten)

3.6.4 Kollisionsvermeidung mit ortsfesten Hindernissen

Ein weiterer Anwendungsfall des in dieser Arbeit vorgestellten Verfahrens ist die Kollisionsvermeidung von Robotern mit Hindernissen, die nicht über die in Bild 1 vorgestellte Geometrie verfügen. In [16] und [17] wurde vorgeschlagen, einen fiktiven Roboter im Hindernis zu konstruieren, der mit seinem Arm den Umkreis des Hindernisses überstreicht. Das kann bei nicht annähernd kreisförmigen Konturen zu unnötig großen Abständen führen. Hier wurde ein anderer Zugang gewählt: Der Umriß des Hindernisses wird aus mehreren fiktiven Robotern nachgebildet. So ist in Bild 31a ein Hindernis durch zwei fiktive Roboterarme definiert, die im Punkt (0,0) einen rechten Winkel bilden und spiegelsymmetrisch zur x-Achse angeordnet sind. Die Kollision bei Durchführung der programmierten Bahn ist in Bild 31b dargestellt und findet zur Zeit t = 1,176 sec statt. Bild 31c zeigt die kollisionsfreie Bahn des Endpunkts der dritten Achse in der xy-Ebene bis zu diesem Zeitpunkt. Bild 31d stellt die vollständige Bahn bis zum Zielpunkt dar. Die Soll- und Istwerte der ersten und dritten Achse sind in Bild 31e aufgezeichnet und der Verlauf der Abstände zwischen dem Arm des realen Roboters und den beiden fiktiven Robotern in Bild 31f. Auch hier wird der Sicherheitsabstand eingehalten.

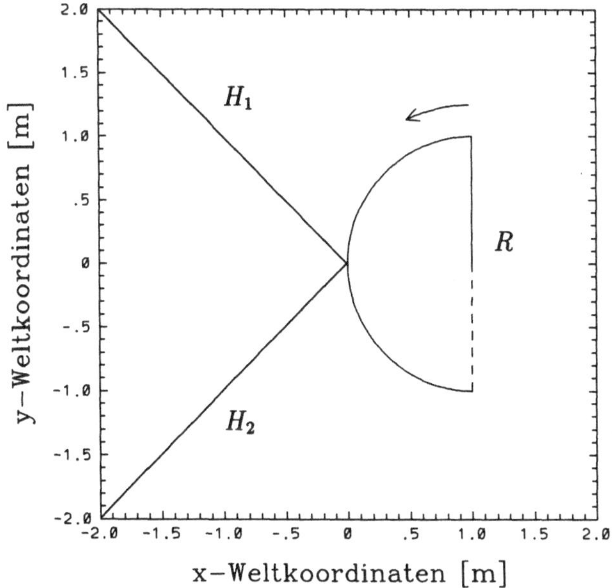

a) Programmierte Bahn in der xy-Ebene

Bild 31: Beispiel mit einem Roboter und einem Hindernis

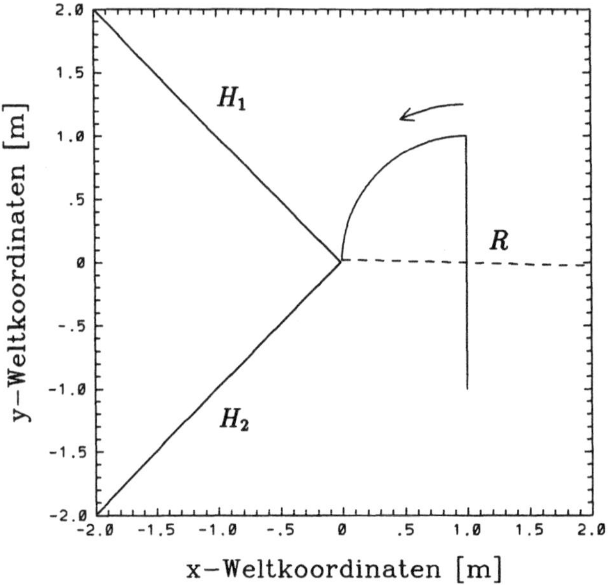

b) Kollision bei programmierter Bewegung (t=1,176)

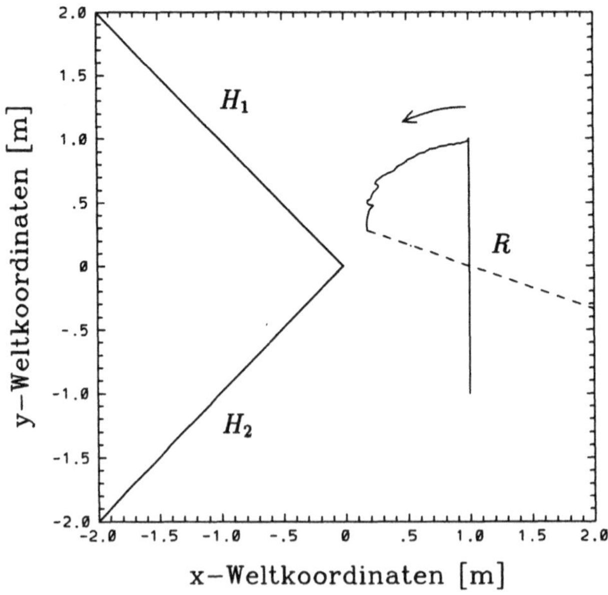

c) Kollisionsfreie Bahn bis zur Zeit t=1,176

Beispiel mit einem Roboter und einem Hindernis

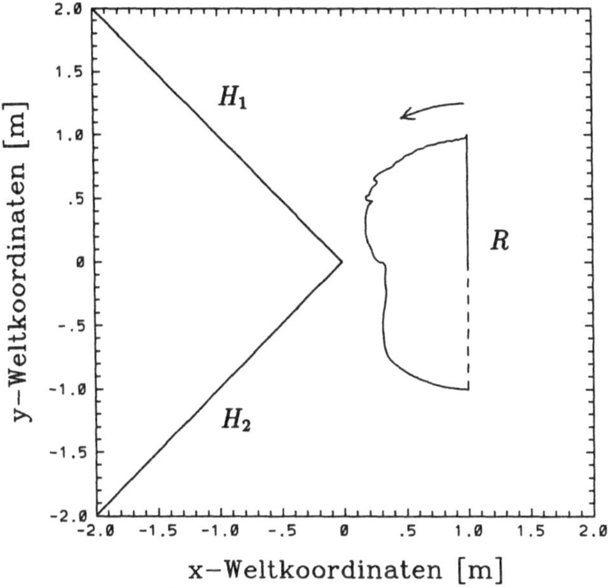

d) Kollisionsfreie Bahn bis zum Zielpunkt

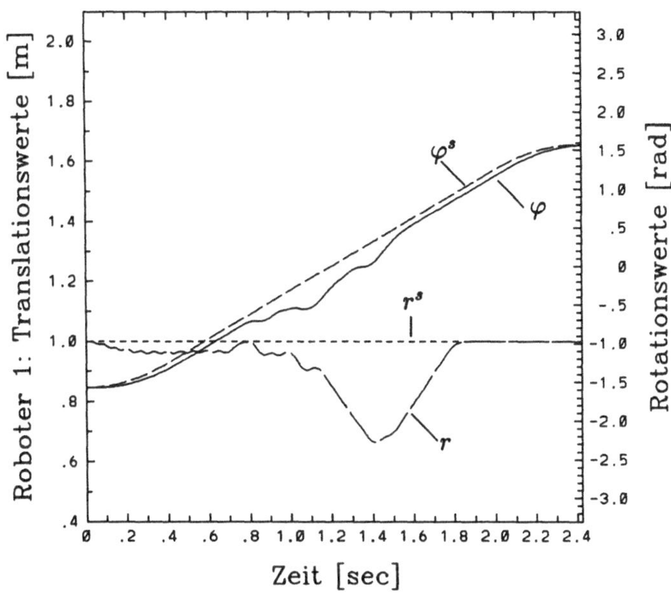

e) Achsverläufe über die Zeit

Beispiel mit einem Roboter und einem Hindernis

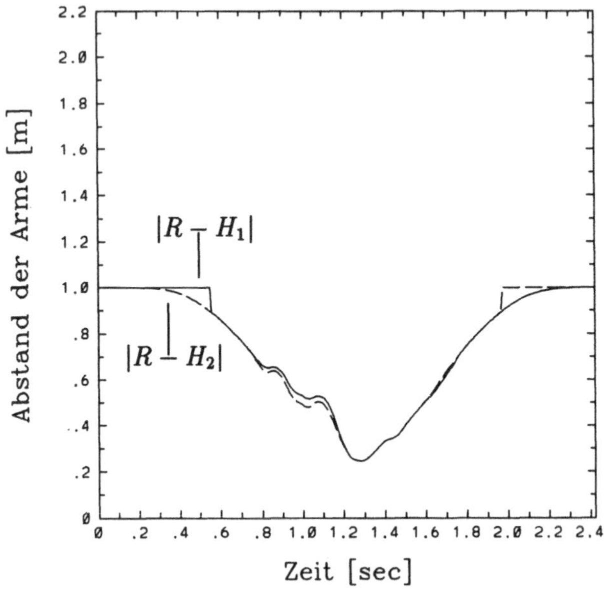

f) Abstände des Arms von den Hindernissen über die Zeit

Beispiel mit einem Roboter und einem Hindernis

3.7 Implementierung in einem Roboter-Programmiersystem

Das in dieser Arbeit vorgestellte Verfahren wurde in ein von 3-D-Grafik unterstütztes Programmsystem für den Entwurf von Robotern und die Programmierung von Fertigungszellen implementiert (Bild 32). Das Modul zur Kollisionsvermeidung gestattet es dem Programmierer, vorab Arbeitsabläufe auf ihre Durchführbarkeit hinsichtlich der Kollisionsfreiheit bzw. der Ausweichmöglichkeiten der beteiligten Roboter zu untersuchen. Durch Modifikation der Bewegungsprogramme, Alternativen im Zellen-Layout und Wahl geeigneter Roboter aus einer Datenbank kann ein aufgabenoptimierter und sicherer Fertigungsablauf gefunden werden. Damit sind realitätsnahe Simulationen von kompletten Fertigungszyklen möglich, die mit den grafischen Hilfsmitteln des Programmsystems sowohl im dreidimensionalen Ablauf als auch hinsichtlich spezifischer Kennwerte wie Achsgeschwindigkeiten, Achsbeschleunigungen, Abständen etc. analysiert werden können.

Weiterhin soll in dieser Umgebung die Erweiterung auf die zweite Achse, die eine Hubbewegung bewirkt und bisher nicht in die Kollisionsvermeidung einbezogen wurde, erfolgen. Das wird dadurch unterstützt, daß die gleichzeitige Darstellung mehrerer Ansichten und deren Veränderung während der Durchführung der Simulationen möglich ist.

Die Arbeiten stellen zugleich die Vorstufe zu einer Realisierung auf einer konventionellen Industrieroboter-Steuerung dar. Diese Steuerung verwendet die Programmiersprache VAL-II, die auch von dem Programmiersystem angeboten wird. Die Implementierung erfolgt wie in Abschnitt 3.1 dargelegt.

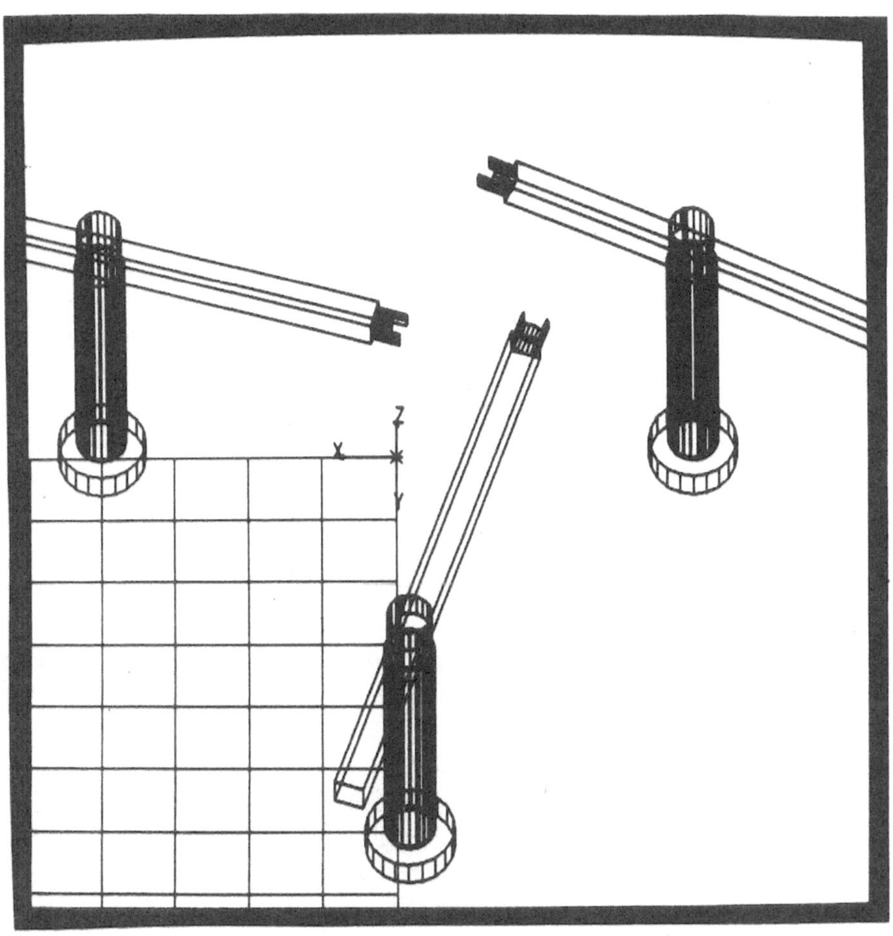

Bild 32: Kollisionsvermeidung im Roboter-Programmiersystem

4 Zusammenfassung

Die Entwicklungen auf dem Gebiet der Robotik lassen zur Zeit drei Hauptlinien erkennen: erstens die zunehmende Offline-Programmierung mit immer abstrakter werdenden Handlungsbefehlen (in der Richtung zur impliziten Programmierung), zweitens die Ausdehnung auf neue Arbeitsbereiche und damit die Notwendigkeit der Flexibilisierung des Robotereinsatzes durch Sensorintegration, und drittens die Schaffung von Techniken zum koordinierten und kooperierenden Betrieb mehrerer Roboter in engster räumlicher Anordnung. Allen obigen Punkten ist gemein, daß die Gefahr von Schäden durch unvorhergesehene und ungewollte Berührungen der Roboter mit ihrer Umwelt aufgrund der Komplexität der Bewegungen bzw. ihrer Veränderbarkeit zunimmt. Es sind daher Maßnahmen notwendig, die unter Beibehaltung der vorrangigen Ziele für eine Roboternutzung, wie u.a. kostengünstige und flexible Produktion, einen wirksamen Kollisionsschutz auch in zukünftigen Anwendungen gewährleisten.

In der vorliegenden Arbeit wird ein neuartiges Verfahren vorgestellt, mit dem in Systemen, die aus prinzipiell beliebig vielen Robotern und peripheren Geräten bestehen, kritische Bewegungen während ihrer Ausführung frühzeitig erkannt und kollisionsfreie Trajektorien generiert werden können. Die notwendigen Algorithmen sind innerhalb eines Steuerungstaktes durchführbar und damit geeignet, online, d.h. parallel zur Durchführung der Arbeitsaufgabe, eingesetzt zu werden. Damit ist es auch möglich, auf Sensorkorrekturen der Bahnen unmittelbar zu reagieren.

Ausgehend von den Anforderungen an die Steuerungen, die für eine echtzeitfähige Änderung der Trajektorien erfüllt werden müssen, wird eine Struktur entworfen, die auf einfache Weise konventionelle Architekturen erweitert und die mit geringem Aufwand implementierbar ist. Somit ist es erstmals möglich, bestehende Robotersteuerungen um Mechanismen zur Kollisionsvermeidung zu ergänzen, ohne in die Regelung oder Programmierung einzugreifen. Die unabhängig für die einzelnen Geräte entwickelten Programme können ohne Modifikation weiterverwandt werden.

Die vorgestellte Struktur wird zusätzlich dahingehend verallgemeinert, daß auch die prinzipiell bei lokal wirkenden Algorithmen auftretenden Probleme aufgabenorientiert behandelt und gelöst werden können. Hierzu werden Vorschläge für die Einbettung entsprechender Anweisungen in Roboterprogrammiersprachen gemacht.

Das Kollisionsvermeidungsverfahren selbst basiert auf den Zustandsgrößen der beteiligten Geräte, die in den zugehörigen Steuerungen bekannt sind bzw. über externe Sensoren aufgenommen werden können. Damit ist nicht nur eine einfache Modellierung gegeben, sondern zugleich auch gewährleistet, daß stets die tatsächlich gefahrenen Trajektorien berücksichtigt werden. Abweichungen vom programmierten Ablauf, etwa aufgrund von Sensoreingriffen oder Störungen, gehen somit unmittelbar in die Berechnungen ein.

Ausgangspunkt für die Berechnungen ist eine Fabrikationsanlage, in der diejenigen Geräte zusammengefaßt werden, die jeweils miteinander kollidieren können. Innerhalb eines solchen Subsystems wird jeder Roboter in seiner unmittelbaren Umgebung betrachtet, d.h. es wird zunächst diejenige Teilmenge bestimmt, die aktuell überhaupt für eine Kollision mit dem betrachteten Roboter in Frage kommt. Für jedes Element dieser Teilmenge wird in einem ersten Schritt eine von den anderen Elementen unabhängige kollisionsvermeidende Bahn des Bezugsroboters bestimmt. Dies geschieht mit einer Hilfskonstruktion, dem virtuellen Hindernisroboter. Aus dessen Relativlage und -bewegung zum ausweichenden Roboter wird ein Maß für die Kollisionsgefahr in den einzelnen Achsen abgeleitet. Unter Verwendung der auch im ungünstigsten Fall zur Verfügung stehenden Dynamik werden modifizierte Sollwerte berechnet, die es gestatten, für dieses Paar Kollisionen zu vermeiden. In einem zweiten Schritt werden alle so ermittelten und auf nur jeweils ein Element bezogenen Sollwerte miteinander verglichen und hieraus ein alle Geräte berücksichtigender Sollwertvektor bestimmt. Diese Vorgehensweise gestattet es, die Algorithmen auf beliebig große Systeme anzuwenden, ohne eine Anpassung der Struktur an das jeweilige System durchführen zu müssen. Selbst eine Veränderung der Anzahl der beteiligten Geräte während des Einsatzes ist ohne weiteres möglich.

Für die Vorgehensweise, mit der innerhalb eines Systems aus Robotern und peripheren Geräten festgelegt wird, welche Bahnen nicht veränderbar sein sollen und welche bevorzugt oder nachrangig modifiziert werden dürfen, werden drei Strategien untersucht und erstmals entsprechende Algorithmen zur Verfügung gestellt. Man unterscheidet hier die Gleichrangigkeit, die alle steuerbaren Geräte versuchen läßt, allein durch ihr eigenes Verhalten Kollisionen zu vermeiden. Dies ist immer dann eine sinnvolle Vorgehensweise, wenn aus den Aufgabenstellungen keine Bevorzugung einer Teilaufgabe ableitbar ist. Zum zweiten ist es die unbedingte Prioritätenzuordnung, die zwischen ausweichpflichtigen und bevorrechtigten Geräten unterscheidet. Dies ist nur dann anwendbar, wenn die Leitebene im Gefahrenfall informiert wird und ihrerseits eingreift. Die dritte Variante ist die bedingte Prioritätenzuordnung, die insoweit einen Kompromiß zwischen den beiden ersten Vorgehensweisen darstellt, als zwar normalerweise nach Prioritäten verfahren wird, diese jedoch im Gefahrenfall zugunsten des gegenseitigen Ausweichens aufgegeben werden. Hiermit kann Kollisionsvermeidung lokal in einem Modul durchgeführt, aber dennoch sichergestellt werden, daß auch bei der Zuordnung der Rangfolge unvorhergesehene Situationen sicher behandelt werden.

Anhand von Simulationen werden die Anwendbarkeit des Verfahrens auf Systeme mit mehreren Robotern und Hindernissen sowie die Vor- und Nachteile der verschiedenen Arten der Prioritätssteuerung gezeigt. Abschließend wird auf die Implementierung der Algorithmen im Rahmen eines grafisch unterstützten Roboter-Programmiersystems eingegangen.

Das in dieser Arbeit dargestellte Verfahren ist dadurch gekennzeichnet, daß die Strukturen und Algorithmen für die drei diskutierten Strategien identisch sind. Sie unterscheiden sich lediglich in der Auswahl der jeweils zu berücksichtigenden Partner, d.h. beim gleichberechtigten Fahren sind alle umgebenden Geräte Partner, beim unbedingt prioritätsgesteuerten sind dies lediglich diejenigen mit Vorrang und beim bedingt prioritätsgesteuerten Fahren ebenfalls die bevorrechtigten, im Gefahrenfall werden jedoch alle Geräte berücksichtigt. Es ergibt sich somit die neuartige Möglichkeit, in Abhängigkeit von den Arbeitsaufgaben und deren spezifischen Anforderungen für jede Bewegung das passende Verfahren zu wählen und bei Bedarf dynamisch eine Umschaltung durchzuführen. Ebenso kann nunmehr mit der Strategie des gleichberechtigten Ausweichens eine wirksame

Kollisionsvermeidung auch bei autonomen, d.h. nicht durch eine Leitsteuerung verbundenen Robotern eingesetzt werden. Das vorgestellte neue Verfahren liefert somit Lösungen zu Problemen, die bei heutigen Realisierungen von CIM auftreten und stellt Strukturen sowie Methoden zur Verfügung, die zukünftige Roboteranwendungen unterstützen.

Anhang

A Modell des betrachteten Robotertyps

In dieser Arbeit werden Roboter mit drei Freiheitsgraden, deren Achsen in einem Zylinderkoordinatensystem angeordnet sind, betrachtet (Bild 1). Zur Simulation dieser Systeme muß zuerst eine mathematische Modellbildung durchgeführt werden. Eine hierzu, aber auch in Hinblick auf den Entwurf einer Regelung geeignete Beschreibung des in dieser Arbeit verwendeten Robotertyps ist die Darstellung im Zustandsraum. Ausgangspunkt der Modellbildung ist die Bestimmung der physikalischen Bewegungsgleichungen über Energiebetrachtungen mit Hilfe der Lagrange-Funktion. Für jede Bewegungsachse erhält man in guter Näherung eine Differentialgleichung 2. Ordnung, so daß sich das mathematische Modell eines Roboters mit k Achsen als ein Gleichungssystem der Ordnung $2k$ darstellen läßt. Aufgrund von variablen Trägheitsmomenten sind diese Bewegungsgleichungen nichtlinear und außerdem untereinander durch Zentrifugalkräfte und Coriolismomente verkoppelt [16]. Wird der in Bild 7 dargestellte Aufbau zugrundegelegt und zusätzlich die Hubachse $z(t)$ berücksichtigt, so wird eine Bewegung der ersten (Rotations-) Achse durch Aufschalten des Moments $M_\varphi(t)$, ein Verfahren der zweiten (Hub-) Achse durch Aufschalten der Kraft $K_z(t)$ und eine Bewegung der dritten (Translations-) Achse durch Aufschalten der Kraft $K_r(t)$ erreicht. Die zugehörigen physikalischen Bewegungsgleichungen ergeben sich zu

$$\begin{aligned}
M_\varphi(t) &= [\Theta_f + \tfrac{mr'^2}{3} + (m+m_L)r^2(t) - mr'r(t)]\ddot{\varphi}(t) \\
&\quad + 2[(m+m_L)r(t) - \tfrac{mr'}{2}]\dot{r}(t)\dot{\varphi}(t) \\
K_z(t) &= (m+m_L)[\ddot{z}(t) + g] \\
K_r(t) &= (m+m_L)\ddot{r}(t) - [(m+m_L)r(t) - \tfrac{mr'}{2}]\dot{\varphi}^2(t)
\end{aligned}$$

Hierbei bezeichnet m die Masse und r' die Länge der dritten (Translations-) Achse, Θ_f das Trägheitsmoment des sich drehenden Aufbaus ohne dritte Achse, m_L die Masse von Greifer und Last sowie g die Erdbeschleunigung.

Die Zustandsgleichungen für einen Roboter mit k Freiheitsgraden sind in allgemeiner Form durch

$$\begin{aligned}
\dot{\underline{x}}(t) &= \underline{A}(\underline{x}) + \underline{B}(\underline{x})\underline{u}(t) \\
\underline{y}(t) &= \underline{C}(\underline{x})
\end{aligned}$$

mit $\underline{x}(t)$ als $2k$-dimensionalem Zustandvektor, $\underline{u}(t)$ als k-dimensionalem Eingangsvektor und $\underline{y}(t)$ als k-dimensionalem Ausgangsvektor gegeben. $\underline{A}(\underline{x})$ beschreibt die Systemmatrix, durch $\underline{B}(\underline{x})$ kann das Eingangs- und mit $\underline{C}(\dot{\underline{x}})$ das Ausgangsverhalten eingestellt werden. Wählt man als Eingangsgrößen die angreifenden Kräfte bzw. Momente, so ergibt sich der Eingangsvektor zu

$$\underline{u}(t) = \begin{bmatrix} M_\varphi(t) \\ K_z(t) - (m + m_L)g \\ K_r(t) \end{bmatrix}$$

Als Ausgangsgrößen werden die Achsstellungen gewählt, d.h.

$$\underline{y}(t) = \begin{bmatrix} x_1(t) \\ x_3(t) \\ x_5(t) \end{bmatrix} = \begin{bmatrix} \varphi(t) \\ z(t) \\ r(t) \end{bmatrix}$$

Der Zustandsvektor $\underline{x}(t)$ setzt sich aus den Achswerten und den zugehörigen Geschwindigkeiten zusammen:

$$\underline{x}(t) = \begin{bmatrix} x_1(t) \\ x_2(t) \\ x_3(t) \\ x_4(t) \\ x_5(t) \\ x_6(t) \end{bmatrix} = \begin{bmatrix} \varphi(t) \\ \dot{\varphi}(t) \\ z(t) \\ \dot{z}(t) \\ r(t) \\ \dot{r}(t) \end{bmatrix}$$

Durch Einsetzen von $\underline{u}(t)$, $\underline{y}(t)$ und $\underline{x}(t)$ in die Bewegungsgleichungen ergibt sich die Zustandsraumdarstellung des betrachteten Robotertyps zu

$$\dot{\underline{\mathrm{x}}}(t) = \begin{bmatrix} x_2(t) \\ \dfrac{-2(m+m_L)x_5(t)+mr^l}{\Theta_f+\frac{mr^{l2}}{3}-mr^l x_5(t)+(m+m_L)x_5^2(t)} x_6(t)x_2(t) \\ x_4(t) \\ 0 \\ x_6(t) \\ x_5(t)x_2^2(t)-\dfrac{mr^l}{2(m+m_L)}x_2^2(t) \end{bmatrix}$$

$$+ \begin{bmatrix} 0 & 0 & 0 \\ \dfrac{1}{\Theta_f+\frac{mr^{l2}}{3}-mr^l x_5(t)+(m+m_L)x_5^2(t)} & 0 & 0 \\ 0 & 0 & 0 \\ 0 & \dfrac{1}{m+m_L} & 0 \\ 0 & 0 & 0 \\ 0 & 0 & \dfrac{1}{m+m_L} \end{bmatrix} \underline{\mathrm{u}}(t)$$

B Parameter der Simulationen

Die im Abschnitt 3.6 dargestellten Simulationen wurden mit dem in Anhang A entwickelten Robotermodell unter Berücksichtigung des dynamischen Verhaltens durchgeführt. Dazu wurden die folgenden Systemparameter für die Roboter angenommen:

Masse der Translationsachse	$m =$	20	kg
Masse von Greifer und Last	$m_L =$	15	kg
Trägheitsmoment des festen Aufbaus (ohne Translationsachse und Last)	$\Theta_f =$	0,8	kg m^2
Länge der Translationsachse	$r^l =$	2,0	m
Erdbeschleunigung	$g =$	9,81	m/sec^2
Motorleistung Achse 1	$M_\varphi =$	2,5	kW
Motorleistung Achse 3	$M_r =$	1,0	kW
Maximale Geschwindigkeit Motor Achse 1	$v_\varphi^{max} =$	3000	U/min
Maximale Geschwindigkeit Motor Achse 3	$v_r^{max} =$	3000	U/min
Getriebeuntersetzung Achse 1	$i =$	0,01	
Spindelvorschub Achse 3	$L =$	0,02	m/U
Getriebewirkungsgrad Achse 1	$\eta_\varphi =$	0,9	
Spindelwirkungsgrad Achse 3	$\eta_r =$	0,9	
Maximales Drehmoment Achse 1	$M_\varphi^{max} =$	700	Nm
Maximale Kraft Achse 3	$K_r^{max} =$	900	N
Minimale Drehung Achse 1	$\varphi^{min} =$	$-\pi$	rad
Maximale Drehung Achse 1	$\varphi^{max} =$	$+\pi$	rad
Minimale Ausfahrweite Achse 3	$r^{min} =$	0,5	m
Maximale Ausfahrweite Achse 3	$r^{max} =$	2,0	m
Maximale Geschwindigkeit Achse 1	$\dot{\varphi}^{max} =$	$\pm 3,14$	rad/sec
Maximale Geschwindigkeit Achse 3	$\dot{r}^{max} =$	$\pm 1,0$	m/sec
Maximale Sicherheitszone Achse 1	$\delta\varphi^{max} =$	0,2	rad
Maximale Sicherheitszone Achse 3	$\delta r^{max} =$	0,1	m

Tabelle 1: Kenngrößen der Roboter

Aus diesen Werten wurden mit Hilfe der Zustandsgleichungen die nominellen Beschleunigungen, d.h. diejenigen Beschleunigungen, die in jedem Zustand des Roboters mindestens erreicht werden können, abgeleitet:

Nominelle Beschleunigung Achse 1	$\ddot{\varphi}^{nom} = \pm 4,4$	$\frac{\text{rad}}{\text{sec}^2}$
Nominelle Beschleunigung Achse 3	$\ddot{r}^{nom} = \pm 11,6$	$\frac{\text{m}}{\text{sec}^2}$

Tabelle 2: Nominelle Beschleunigungen der Roboter

Schließlich wurde eine Regelung mit nichtlinearer Zustandsvektorrückführung angesetzt, die für jede Achse $i \in \{\varphi, r\}$ mit dem Eingangs-Ausgangspaar $w_i(t)$, $y_i(t)$ zu einem Gesamtübertragungsverhalten

$$\ddot{y}_i(t) + \alpha_i^1 \dot{y}_i(t) + \alpha_i^0 y_i(t) = \lambda_i w_i(t)$$

führt, wobei $w_i(t)$ der Sollwert und $y_i(t)$ die Ausgangsgröße der Achse i ist. Die Koeffizienten α_i^0, α_i^1 und λ_i wurden mit Einstellung des aperiodischen Grenzfalls, d.h. $\alpha_i^1 = 2\sqrt{\alpha_i^0}$ und $\lambda_i = \alpha_i^0$ wie folgt gewählt:

Regler-Parameter für Rotation	$\alpha_\varphi^0 = 1500$
Regler-Parameter für Rotation	$\alpha_\varphi^1 = 77,46$
Regler-Parameter für Rotation	$\lambda_\varphi^0 = 1500$
Regler-Parameter für Translation	$\alpha_r^0 = 1500$
Regler-Parameter für Translation	$\alpha_r^1 = 77,46$
Regler-Parameter für Translation	$\lambda_r^0 = 1500$

Tabelle 3: Einstellung der Regler

Literaturverzeichnis

[1] Altenhein, A.: Kollisionsbehandlung als Grundbaustein eines modularen Industrieroboter-Off-line-Programmiersystems. IPA-IAO Forschung und Praxis, Band 136, Springer, Berlin, 1989

[2] Borgolte, U.: Ein Verfahren zur online-Kollisionsvermeidung für Roboter. Tagungsbericht Bergisches Seminar für Robotik, Wuppertal 1989, S. 112–142

[3] Brady, M. et al.: Robot motion: Planning and control. Cambridge, Mass.: MIT-Press Series in Artificial Intelligence, 1982

[4] Bronstein, I. N.; Semendjajew, K. A.: Taschenbuch der Mathematik. Leipzig, B. G. Teubner Verlagsgesellschaft, 1985

[5] Brooks, R. A.: Planning collision free motions for pick and place operations. International Journal of Robotics Research, Vol. 2, No. 4, 1983, S. 19–44

[6] Chien, Y. P.; Koivo, A. J.; Lee, B. H.: On-line generation of collision free trajectories for multiple robots. Proceedings IEEE International Conference on Robotics and Automation, Philadelphia 1988, S. 209–214

[7] DIN 66312-Entwurf und ISO/TC184/SC2/WG4 Draft Proposal: Industrial Robot Language (IRL). Language Description. Version 2.3, 14.11.1989

[8] Dunne, M. J.: An advanced assembly robot. In: Tanner, W. R. (ed.): Industrial Robots, Bd. 2, Dearborn, Michigan: Society of Manufacturing Engineers 1979, S. 249–262

[9] Fletcher, R. W.; Goldenberg, A. A.: Collision Avoidance for Robot Manipulators: Application to CATIA/IBM 7565 Interface. Journal of Robotic Systems, Vol. 5, No. 2, 1988, S. 125–146

[10] Freund, E.; Borgolte, U.: Ein Algorithmus zur Kollisionserkennung und -vermeidung bei Robotern mit zylinderförmigem Arbeitsraum. Robotersysteme, Vol. 6, No. 1, 1990, S. 1–10

[11] Fujimura, K.; Samet, H.: A hierarchical strategy for path planning among moving obstacles. IEEE Transactions on Robotics and Automation, Vol. 5, No. 1, 1989, S. 61–69

[12] Gerke, W.: Zur kollisionsvermeidenden Regelung von Industrierobotern. Düsseldorf, VDI-Verlag, 1986

[13] Hameister, W.: Kollisionsvermeidung zwischen Robotern und Hindernissen. Diplomarbeit, Wuppertal 1985

[14] Herman, M.: Fast, three-dimensional, collision-free motion planning. Proceedings IEEE International Conference on Robotics and Automation, San Francisco 1986, S. 1056–1063

[15] Hörmann, K.: Kollisionsfreie Bahnen für Industrieroboter. Berlin; Heidelberg; New York; Tokio: Springer-Verlag, 1988

[16] Hoyer, H.: Verfahren zur automatischen Kollisionsvermeidung von Robotern im koordinierten Betrieb. Diss., FernUniversität Hagen, 1984

[17] Hoyer, H.: On-line collision avoidance for industrial robots. Preprints Symposium on Robot Control, Barcelona 1985, S. 477–485

[18] Ilari, J.; Torras, C.: 2D path planning: A configuration space heuristic approach. International Journal of Robotics Research, Vol. 9, No. 1, 1990, S. 75–91

[19] Jacak, W.: Strategies of searching for collision-free manipulator motions: automata theory approach. Robotica, Vol. 7, 1989, S. 129–138

[20] Jacak, W. et al.: Planning collision-free movements of a robot: A systems theory approach. Robotica, Vol. 5, 1988, S. 289–296

[21] Kant, K.; Zucker, S. W.: Planning smooth collision-free trajectories: Path, velocity and splines in free-space. International Journal of Robotics and Automation, Vol. 2, No. 3, 1987, S. 117–126

[22] Khatib, O.: Real-time obstacle avoidance for manipulators and mobile robots. International Journal of Robotics Research, Vol. 5, No. 1, 1986, S. 90–98

[23] Kirćanski, M.; Vukobratović, M.: Contribution to control of redundant robotic manipulators in an environment with obstacles. International Journal of Robotics Research, Vol. 5, No. 4, 1986, S. 112–119

[24] Lee, B. H.; Lee, C. S. G.: Collision-free motion planning of two robots. IEEE Transaction on Systems, Vol. SMC-17, No. 1, 1987, S. 21–32

[25] Lozano-Peréz, T.: An algorithm for planning collision-free paths among polyhedral obstacles. Communications of the ACM, Vol. 22, No. 10, 1979, S. 560–570

[26] Lozano-Peréz, T.: A simple motion-planning algorithm for general robot manipulators. IEEE Journal of Robotics and Automation, Vol. RA-3, No. 3, 1987, S. 224–238

[27] Luh, J. Y. S.; Zheng, Y. F.: Constraint relations between two coordinated industrial robots for motion control. International Journal of Robotics Research, Vol. 6, No. 3, 1987, S. 60–70

[28] Lumelsky, V. J.: Effect of kinematics on motion planning for planar robot arms moving amidst unknown obstacles. IEEE Journal of Robotics and Automation, Vol. RA-3, No. 3, 1987, S. 207–223

[29] Mehrotra, R.: Collision detection between the wrists of two robot arms in a common workspace. Journal of Intelligent and Robotic Systems, Vol. 2, 1989, S. 29–41

[30] Miyazaki, F. et al.: Sensory feedback based on the artificial potential for robot manipulators. Proceedings 9th IFAC, Budapest 1984, S. 2381–2386

[31] Newman, W. S.: Automatic obstacle avoidance at high speeds via reflex control. Proceedings IEEE International Conference on Robotics and Automation, Scottsdale 1989, S. 1104–1109

[32] Oommen, B. J.; Reichstein, I.: On the problem of translating an elliptic object through a workspace of elliptic obstacles. Robotica, Vol. 5, 1987, S. 187–196

[33] Ozaki, H.; Shimadzu, T.; Mohri, A.: Collision-free path generation for a mobile robot by an artificial transformation of obstacle spaces. Robotica, Vol. 7, 1989, S. 139–142

[34] Pavlov, V. V.; Voronin, A. N.: The method of potential functions for coding constraints of the external space in an intelligent mobile robot. Soviet Automatic Control, Vol. 6, 1984, S. 45–51

[35] Red, W. E.; Kim, K. H.: Dynamic direct subspaces for robot path planning. Robotica, Vol. 5, 1987, S. 29–36

[36] Roach, J. W.; Boaz, M. N.: Coordinating the motions of robot arms in a common workspace. IEEE Journal of Robotics and Automation, Vol. RA-3, No. 5, 1987, S. 437–444

[37] Shin, Y.; Bien, Z.: Collision-free trajectory planning for two robot arms. Robotica, Vol. 7, 1989, S. 205–212

[38] Steininger, F.: Anpassung der automatischen Bahnbestimmung nach Freund-Hoyer an den Robotertyp PUMA 560. Diplomarbeit, München 1988

[39] Stöck, H.-P.: On-line Kollisionsvermeidung bei Handhabungssystemen. Diss., TH Aachen, 1986

[40] Sun, K.; Lumelsky, V.: Computer simulation of sensor-based robot collision avoidance in an unknown environment. Robotica, Vol. 5, 1987, S. 291–302

[41] Warren, C. W. et al.: An approach to manipulator path planning. International Journal of Robotics Research, Vol. 8, No. 5, 1989, S. 87–95

[42] Zhang, W.; Wang, P. K. C.: Collision-free time-optimal control of a two-link manipulator. International Journal of Robotics and Automation, Vol. 1, No. 3, 1986, S. 96–104

Band 232: R. Loogen, Parallele Implementierung funktionaler Programmiersprachen. IX, 385 Seiten. 1990.

Band 233: S. Jablonski, Datenverwaltung in verteilten Systemen. XIII, 336 Seiten. 1990.

Band 234: A. Pfitzmann, Diensteintegrierende Kommunikationsnetze mit teilnehmerüberprüfbarem Datenschutz. XII, 343 Seiten. 1990.

Band 235: C. Feder, Ausnahmebehandlung in objektorientierten Programmiersprachen. IX, 250 Seiten. 1990.

Band 236: J. Stoll, Fehlertoleranz in verteilten Realzeitsystemen. IX, 200 Seiten. 1990.

Band 237: R. Grebe (Hrsg.), Parallele Datenverarbeitung mit dem Transputer. Aachen, September 1989. Proceedings. VIII, 241 Seiten. 1990.

Band 238: B. Endres-Niggemeyer, T. Hermann, A. Kobsa, D. Rösner (Hrsg.), Interaktion und Kommunikation mit dem Computer. Ulm, März 1989. Proceedings. VIII, 175 Seiten. 1990.

Band 239: K. Kansy, P. Wißkirchen (Hrsg.), Graphik und KI. Königs winter, April 1990. Proceedings. VII, 125 Seiten. 1990.

Band 240: D. Tavangarian, Flagorientierte Assoziativspeicher und -prozessoren. XII. 193 Seiten. 1990.

Band 241: A. Schill, Migrationssteuerung und Konfigurationsverwaltung für verteilte objektorientierte Anwendungen. IX, 174 Seiten. 1990.

Band 242: D. Wybranietz, Multicast-Kommunikation in verteilten Systemen. VIII, 191 Seiten. 1990.

Band 243: U. Hahn, Lexikalisch verteiltes Text-Parsing. X, 263 Seiten. 1990.

Band 244: B. R. Kämmerer, Sprecherunabhängigkeit und Sprecheradaption. VIII, 110 Seiten. 1990.

Band 245: C. Freksa, C. Habel (Hrsg.), Repräsentation und Verarbeitung räumlichen Wissens. VIII, 353 Seiten. 1990.

Band 246: Th. Bräunl, Massiv parallele Programmierung mit dem Parallaxis-Modell. XII, 168 Seiten. 1990

Band 247: H. Krumm, Funktionelle Analyse von Kommunikationsprotokollen. IX, 122 Seiten. 1990.

Band 248: G. Moerkotte, Inkonsistenzen in deduktiven Datenbanken. VIII, 141 Seiten. 1990.

Band 249: P. A. Gloor, N. A. Streitz (Hrsg.), Hypertext und Hypermedia. IX, 302 Seiten. 1990.

Band 250: H. W. Meuer (Hrsg.), SUPERCOMPUTER '90. Mannheim, Juni 1990. Proceedings. VIII, 209 Seiten. 1990.

Band 251: H. Marburger (Hrsg.), GWAI-90. 14th German Workshop on Artificial Intelligence. Eringerfeld, September 1990. Proceedings. X, 333 Seiten. 1990.

Band 252: G. Dorffner (Hrsg.), Konnektionismus in Artificial Intelligence und Kognitionsforschung. 6. Österreichische Artificial-Intelligence-Tagung (KONNAI), Salzburg, September 1990. Proceedings. VIII, 246 Seiten. 1990.

Band 253: W. Ameling (Hrsg.), ASST'90. 7. Aachener Symposium für Signaltheorie. Aachen, September 1990. Proceedings. XI, 332 Seiten. 1990.

Band 254: R. E. Großkopf (Hrsg.), Mustererkennung 1990. 12. DAGM-Symposium, Oberkochen-Aalen, September 1990. Proceedings. XXI, 686 Seiten. 1990.

Band 255: B. Reusch, (Hrsg.), Rechnergestützter Entwurf und Architektur mikroelektronischer Systeme. GME/GI/ITG-Fachtagung, Dortmund, Oktober 1990. Proceedings. X, 298 Seiten. 1990.

Band 256: W. Pillmann, A. Jaeschke (Hrsg.), Informatik für den Umweltschutz. 5. Symposium, Wien, September 1990. Proceedings. XV, 864 Seiten. 1990.

Band 257: A. Reuter (Hrsg.), GI – 20. Jahrestagung I. Stuttgart, Oktober 1990. Proceedings. XVIII, 602 Seiten. 1990.

Band 258: A. Reuter (Hrsg.), GI – 20. Jahrestagung II. Stuttgart, Oktober 1990. Proceedings. XVIII, 602 Seiten. 1990.

Band 259: H.-J. Friemel, G. Müller-Schönberger, A. Schütt (Hrsg.), Forum '90 Wissenschaft und Technik. Trier, Oktober 1990. Proceedings. XI, 532 Seiten. 1990.

Band 260: B. J. Frommherz, Ein Roboteraktionsplanungssystem. XI, 134 Seiten. 1990.

Band 261: W. Zimmermann, Automatische Komplexitätsanalyse funktionaler Programme. VII, 194 Seiten. 1990.

Band 262: W. Gerth, P. Baacke (Hrsg.), PEARL 90 - Workshop über Realzeitsysteme. 11. Fachtagung, Boppard, November 1990. Proceedings. X, 187 Seiten. 1990.

Band 263: H. Eckhardt, Entwurfstransaktionen für modulare Objektsysteme. VIII, 144 Seiten. 1990.

Band 264: T. Härder, H. Wedekind, G. Zimmermann (Hrsg.), Entwurf und Betrieb verteilter Systeme. Fachtagung, Dagstuhl, September 1990. Proceedings. XII, 283 Seiten. 1990.

Band 265: U. Herrmann, Mehrbenutzerkontrolle in Nicht-Standard-Datenbanksystemen. VIII, 183 Seiten. 1991.

Band 266: R. Cunis, A. Günter, H. Strecker (Hrsg.), Das PLAKON-Buch. VIII, 279 Seiten. 1991

Band 267: W. Effelsberg, H. W. Meuer, G. Müller (Hrsg.), Kommunikation in verteilten Systemen. GI/ITG-Fachtagung, Mannheim, Februar 1991. Proceedings. X, 589 Seiten. 1991.

Band 268: J. Raczkowsky, Multisensordatenverarbeitung in der Robotik. X, 168 Seiten. 1991.

Band 269: G. Hommel (Hrsg.), Prozeßrechensysteme '91. Berlin, Februar 1991. Proceedings. XIV, 449 Seiten. 1991.

Band 270: H.-J. Appelrath (Hrsg.), Datenbanksysteme in Büro, Technik und Wissenschaft. GI-Fachtagung, Kaiserslautern, März 1991. Proceedings. XIII, 507 Seiten. 1991.

Band 271: A. Pfitzmann, E. Raubold (Hrsg.), VIS '91, Verläßliche Informationssysteme. GI-Fachtagung, Darmstadt, März 1991. Proceedings. VIII, 355 Seiten. 1991.

Band 272: R. Grebe, C. Ziemann, Parallele Datenverarbeitung mit dem Transputer. Aachen, September 1990. Proceedings. X, 300 Seiten 1991.

Band 273: M. Timm (Hrsg.), Requirements Engineering '91. VIII, 208 Seiten. 1991.

Band 274: R. Denzer, H. Hagen, K.-H. Kutschke (Hrsg.), Visualisierung von Umweltdaten. Workshop, Rostock, November 1990. Proceedings. VII, 97 Seiten. 1991.

Band 276: H. Maurer (Hrsg.), Hypertext / Hypermedia '91. Tagung der GI, SI und OCG, Graz, Mai 1991. Proceedings. VIII, 299 Seiten. 1991.

Band 277: U. Borgolte, Flexible, realzeitfähige Kollisionsvermeidung in Mehrroboter-Systemen. XIII, 105 Seiten. 1991.

Band 278: H. W. Meuer (Hrsg.), SUPERCOMPUTER '91. Proceedings. VIII, 266 Seiten. 1991.

Band 279: G. Schwichtenberg (Hrsg.), Organisation und Betrieb von Informationssystemen. 9. GI – Fachgespräch über Rechenzentren, Dortmund, März 1991. Proceedings. IX, 337 Seiten. 1991.